The BeagleBone Black Primer

BeagleBone Black
权威指南

[美] Brian McLaughlin 著

汪庆 译

人 民 邮 电 出 版 社

北　京

图书在版编目（CIP）数据

BeagleBone Black权威指南 ／（美）麦克劳克林
(Brian McLaughlin) 著；汪庆译. —— 北京 ：人民邮电
出版社，2016.10
ISBN 978-7-115-43211-7

Ⅰ. ①B… Ⅱ. ①麦… ②汪… Ⅲ. ①微处理器—系统
设计—指南 Ⅳ. ①TP332-62

中国版本图书馆CIP数据核字(2016)第195667号

版 权 声 明

◆ 著　　　　 [美] Brian McLaughlin
　　译　　　　 汪　庆
　　责任编辑　 胡俊英
　　责任印制　 焦志炜

◆ 人民邮电出版社出版发行　　北京市丰台区成寿寺路 11 号
　　邮编　100164　　电子邮件　315@ptpress.com.cn
　　网址　http://www.ptpress.com.cn
　　北京缤索印刷有限公司印刷

◆ 开本：720×960　1/16
　　印张：15.5
　　字数：274 千字　　　　　　　　2016 年 10 月第 1 版
　　印数：1 – 2 500 册　　　　　　　2016 年 10 月北京第 1 次印刷
　　著作权合同登记号　 图字：01-2016-0521 号

定价：59.00 元
读者服务热线：(010)81055410　印装质量热线：(010)81055316
反盗版热线：(010)81055315

内容提要

BeagleBone Black是一款近几年刚刚诞生的开源硬件。它不仅价格低廉、可扩展性强，还可以用于开发一些商用项目。

本书全面介绍了有关BeagleBone Black的知识和开发技巧。全书内容共分为15章，第1～5章主要介绍了嵌入式电子产品和开发平台，第6～8章主要介绍了如何与硬件交互并了解了BeagleBone Black的操作系统，第9～14章主要介绍了如何运用BeagleBone Black开发应用，第15章是关于未来发展趋势的展望。

本书包含了对BeagleBone Black非常全面的介绍，适合开源硬件爱好者、软硬件开发人员和热衷于开源硬件比赛的学生阅读。

作者简介

Brian McLaughlin 是一名专业的电子工程师和爱好者。他本科毕业于北卡罗莱纳州立大学计算机科学与工程专业，硕士毕业于马里兰大学系统工程专业。他在参与哈勃太空望远镜项目时逐渐开始接触硬件领域的先进课题。随着时间的推移，Brian 开始为 GeekDad 写文章。目前他已经成为创客社区的一份子。现在他与漂亮的妻子和两个儿子居住在马里兰州。

谨以此书献给

妈妈和爸爸

致谢

我希望能够感谢所有教过我 STEAM 的人（科学、技术、工程、艺术和数学），这几乎包括了我生命中的每一个老师、辅导员、导师和同事。我要感谢哈勃太空望远镜的集成＆测试＆软件开发团队，那是我第一次工作的团队，在那里我理解了软硬件如何协同工作。我还要感谢我的导师们，特别是 Larry Barrett 和 Curtis Fatig。通过他们，我得以接触到 James Webb 太空望远镜以及其他项目。从他们身上我学到了许多工程知识并能够在高压环境下工作，还能够周游世界和寻找生活的乐趣。另外，我还要感谢我的朋友 GeekDad，他帮助我在朝九晚五的工作之外找到写技术话题的乐趣。

我还要感谢这些人和公司，包括 Tektronix、Oscium、SparkFun 和 Element14，他们提供了本书使用的硬件和其他器件。

我想对我的邻居们表示歉意。在全职工作的同时写一本书比我预想的更加困难，因此我没有太多的时间打理我的院子和草坪。我发誓以后我会把它们整理得很好看。

当然，我还要感谢我的父母 Glen 和 Diane 以及哥哥 Glen。父母总是鼓励我们去学习、探索和成长。我的哥哥除了和我分享系统，还在很多人不知道 Mosaic 浏览器的时候就给我展示了它。我还要感谢我的叔叔 Lou，他帮助我升级电脑，确保我们时刻能够学到飞行模拟器的基本知识。我还要感谢我的父母和叔叔 Lou 在我 7 年级的时候送我到太空营（Space Camp）学习。

最后，我必须感谢我的家庭，尤其是我美丽的妻子 Helene 以及我的儿子 Sean 和 Liam。如果没有他们的支持、耐心、理解和爱，我将无法完成这本书。

读者回馈

作为本书的读者，你们是本书最重要的批评家和评论员。我们希望能收到并且会重视你们的意见。我们想知道本书哪些地方做得比较好，哪些地方可以做得更好以及你们希望本书介绍哪方面的知识。

欢迎你们提出意见。可以通过电子邮件或写信让我们知道你们喜欢或不喜欢这本书的地方，以及怎样可以使这本书变得更好。

请注意，我们不能帮你解决与本书内容相关的技术问题。

请在给我们写邮件或信时注明书名和作者，以及你的姓名和电子邮件。我们会认真审核你的意见，并与本书的作者和编辑联系。

电子邮件：feedback@quepublishing.com
邮寄地址：Que Publishing
　　　　　　ATTN: Reader Feedback
　　　　　　800 East 96th Street
　　　　　　Indianapolis, IN 46240 USA

读者服务

访问我们的网站并在quepublishing.com/register注册本书，就可以方便地下载本书的更新内容以及查看本书的勘误表。

前言

当今世界的传统科学、技术、工程和数学（Science & Technology & Engineering & Mathematics，STEM）正在高度融合。当这种融合再与艺术结合后，就形成了 STEAM（Science & Technology & Engineering & Art & Mathematics）。这是一种新的文艺复兴，就像在达芬奇年代，所有关于 STEAM 主题的跨领域研究都至关重要，它们往往通过某种形式的电子设备形成统一。

例如，艺术可能是一个包含机械和互动的雕塑。这个雕塑可能需要一些"感官"来感知环境的变化，这些变化包括温度变化、传统的触觉、视觉、听觉、嗅觉和味觉变化。这些变化由一些电子装置处理，然后根据变化采取一些行动。也许当你经过雕像时，它的头正在"看着"你。

一些非常技术性的工作看起来也可能类似于艺术。许多技术解决方案，比如电路板上电路的布局，一个优秀的编程解决方案，RS-25 发动机，在我看来都是艺术。

本书致力于为读者提供必要的信息来寻找 STEAM 世界里属于自己的艺术。为此我们将使用一个非常方便和强大的开发板——BeagleBone Black。

目标读者

如果说本书面向的一部分读者是艺术领域的工作人员，那么听起来挺诡异的。但是，我知道很多艺术领域的工作者想把电子整合到自己的作品中。但对于他们来说，这项任务非常艰巨。通过阅读这本书，他们可以开始了解一些电子相关的知识，帮助他们寻找一条将艺术带向生活的道路。

另外，有些读者本身拥有丰富的电子和项目开发经验，但他们想开始使用 BeagleBone Black 开发项目。对于这部分读者来讲，本书的很多章节将提供有关 BeagleBone Black 引脚和功能的相关信息，为他们开发大型项目提供参考。

本书介绍的很多项目并没有被100%完成，它们都处于验证机阶段，离成品还有些距离，还有很多地方待完善。这是本书有意为之的。对于这些项目，读者还需要发挥自己的想象来使它们变得更加惊艳。

内容结构

在阅读本书前，读者并不需要具备专业的电子学和计算机知识，只需要熟悉传统的桌面操作系统就足够了。考虑到这一点，本书最开始几章的内容并不深奥。本书的组织结构如下。

- 第1～5章：这5章主要讲述嵌入式电子产品与开发平台。在这些章节中，读者可以学到BeagleBone Black是什么，由哪些部件构成，还可以了解到如何购买开发板，第一次启动它，等等。读者还将学到基本的电子学知识以及如何运用它们来实现自己的梦想。最后，读者将学习如何在BeagleBone Black上编程，学习一些实用的编程语言以及了解它们之间的区别。

- 第6～8章：这3章介绍如何与硬件交互以及了解BeagleBone Black的操作系统。BeagleBone Black可以运行很多操作系统，读者将学到如何为BeagleBone Black安装新的操作系统，还可以学到一些底层的硬件接口信息以及BeagleBone Black的硬件插件板生态系统（被称为插件板）。

- 第9～14章：这6章主要讲述如何运用BeagleBone Black来开发更复杂的项目。读者将学习传感器的工作原理，监控工作区域的环境，并学习如何通过电机来控制周围的物体。通过这几章的学习，读者可以给BeagleBone Black增加视觉来跟踪一个人的脸部，可以将BeagleBone Black安装在汽车里，以及通过监听飞机发出的数据来跟踪飞机。

- 第15章：本章给读者留下一些想象空间，思考之后的发展方向。本章也列举了一些网络资源供读者参考。

读者最清楚自己阅读本书之前的水平。如果在这个领域里你是一个新人，那么可能需要按照本书的章节一步步地学习来建立自己的知识系统。如果你已经很有经验，只是想学习如何运用BeagleBone Black，那么你的学习方法可能会有些区别，可以按照自己的情况和需求做出相应的调整。

体例

本书在编写过程中有一些约定。本书使用等宽字体来表示源代码和与终端的交互结果。例如：

```
print "This is a line of source code"
~/bbb-primer/$ this is a terminal interaction
```

这里需要注意的是，源代码使用清单来统计，但终端交互并非如此。此外在终端中，用户需要输入的内容使用粗体mono字体表示。

反馈

如果读者想联系本书的作者，可以随时给作者发邮件：bjmclaughlin@gmail.com。欢迎你们为本书提供建设性和批评性的意见。

就像在许多技术课题中一样，实现一个目标的方法通常有很多种。所以如果你提出的意见只是阐述完成同一件事情的不同方法或是更有效的方法，我会在精神上认同你的观点，归档你的邮件，然后继续我的生活。请记住，本书写作时的目标是尽可能让不同水平的人都可以清晰地理解它所讲述的内容。

总而言之，我想你会喜欢这本书。我希望你看完本书之后，可以运用学到的知识去开发自己想要做的项目。

目录

第1章　嵌入式计算机与电子产品

嵌入式计算机与电子产品已经存在很长一段时间了。随着小型开发平台的日益普及，越来越多的业余爱好者有能力自己构建复杂的项目。本书通过这些开发平台中的BeagleBone Black来介绍嵌入式系统开发。

1.1　嵌入式电子产品

你可能通过某种途径发现了本书。你或许在某个论坛中看到了采用BeagleBone Black的项目演示，也或者在（小型的）创客嘉年华中看到创客在他们的项目中使用了BeagleBone Black。总体来说，BeagleBone Black的设计目标并不是为了取代台式计算机或者笔记本计算机。相反，它被设计用来在项目中充当嵌入式计算机。嵌入式计算机是项目的特殊组成部分，它跟随项目部署的迁移而迁移。

举例来说，假设你用某个台式机或者笔记本计算机来开发一个项目。当项目完成后，你可能不再用你开发时采用的计算机来控制它，而是用其他的计算机来替代。然而对于嵌入式计算机来说，它一直都隶属于这个项目。你的项目在运行的时候可能仍需要连接其他的外部计算机或者利用其他计算机的资源，但属于该项目的嵌入式部分却是一直存在且不会被替代的。

笔记本计算机或台式计算机也可以作为一个独立的平台嵌入到某个项目中。许多机器人项目利用功能强大的笔记本计算机或台式计算机来提升其性能，如图1.1所示。一般来说，在嵌入式项目中，你会偏向于采用一些轻量级、便于携带和可以直接用直流供电的设备（不用非得插到墙上的插座上才可以让其工作）。也会需要可以提供大量的通用输入 / 输出端口（General-Purpose Input/Output，

GPIO）的设备。这时，就需要像BeagleBone Black这样的嵌入式开发平台，它们可以适应这些应用场景。

图1.1　Parallax公司生产的机器人平台（已退役）：其嵌入式系统中包含了一台笔记本计算机

BeagleBone Black是一个封装小巧但计算功能强大的平台。它的封装究竟有多小？图1.2提供了下面几种设备的封装比较：笔记本计算机、ATX模板、ATX微版和BeagleBone Black。

需要重点注意的是，选择小型嵌入式封装意味着已经在功耗和性能之间做了取舍。图1.2中其他尺寸的设备都可以支持最高端的（至少在写作本书时）英特尔i7处理器。这些处理器可以很好地运行在主频3GHz之上，并支持访问大容量RAM。如果不确定这些意味着什么，那么可参考下面一些经验法则。

- 计算机内部的时钟用于协调处理器内部行为发生的速度。时钟（主频）越快（以周期/秒衡量），计算机每秒可以执行的指令就越多。

- RAM，即随机存取存储器（Random Access Memory），是程序执行时存储变量和其他信息的地方。因此RAM越大，程序就有越多的运行空间。如果一个正在运行的程序消耗了所有分配给它的空间，那么在好的情况下，程序的一部分数据会被缓存到比RAM慢得多的硬盘中去；而在坏的情况下，程序将停止工作。

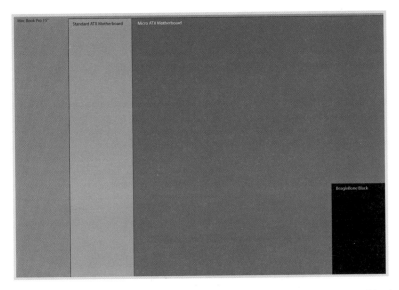

图1.2　封装大小比较：笔记本计算机、ATX模板、ATX微版和BeagleBone Black

表1.1列举了笔记本计算机、台式计算机和BeagleBone Black之间的一些规格参数的比较。

表1.1　笔记本计算机、台式计算机和BeagleBone Black的规格参数比较

	体积 / （cm³）	CPU/ （个）	主频 / （GHz）	RAM/ （GB）	重量 / （kg）	功耗 （W）
MacBook Pro 15"	1606	4	2.0	8	2.02	85
ASUS Core i7	26055	4	3.1	8	7.89	100
BeagleBone Black	21	1	1	0.5	0.04	5

从表1.1中可以清楚地看到，BeagleBone Black不能用来代替任何当前主流的计算平台。然而，想象一下自己开发项目，如本书即将介绍的飞机监控系统。这个监控系

统的设计目标是用一个便携的天线在某个区域来监控飞机。如果需要这个系统可以被独立部署，那么会期望这个系统是小型化、轻量化和低功耗的。它的体积必须足够小，这样才易于遮风挡雨；但同时它又必须具有足够强的计算能力以便解码从飞机上接收到的数据包，显示解码后的数据或者将其传输到网络中。类似于这样的应用场景就需要定制的嵌入式设备（比如BeagleBone Black）来发挥其特长了。

嵌入式系统的另一个强大能力是直接控制其他电子器件。如果想为项目构建特定的电子系统（正如本书将做的），并且使用笔记本或者台式计算机作为上位机，那么必须要保证构建的电子系统可以通过USB与计算机通信。在过去，还有其他的选项，比如通过串口或者并口；但大多数现代的计算机仅仅提供USB接口，所以需要额外的硬件接口转换器来访问串口和并口数据。

BeagleBone Black提供了大量的GPIO端口。通过它们可以直接控制或者读取某个端口的电压。这是非常重要和方便的！举个简单的例子：点亮一个发光二极管（LED）。如果使用BeagleBone Black，则只需要将LED的正极接到BeagleBone Black某个的GPIO口，再将LED的负极和一个电阻串联后接地。就这么简单！图1.3给出了这种连接的示意图。如果你不明白现在所讲的，也不用担心，我们会在后续章节详细解释。

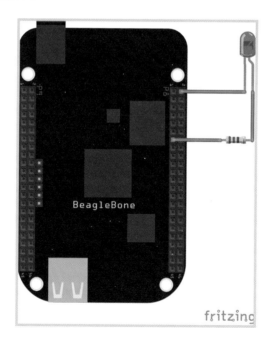

图1.3   通过简单的配置来点亮一盏LED灯

通过这些简单的端口，便可以自由处理和读取各种协议下的数据，或制定自己的协议。此外，BeagleBone Black还提供了USB和其他几种常见的接口，这些接口会给项目开发带来很多便利。

1.2 Arduino

当前流行的另一个嵌入式开发平台是Arduino(见图1.4)。这里需要强调的是，Arduino和BeagleBone Black之间存在一些重要的差异。但它们并不是相互竞争的开发平台，而且是互补的。通过对这两者的配合使用可以提高产品的性能。

图1.4 Arduino Uno(第3版)

Arduino采用的是微控制器，而BeagleBone Black运行的是微处理器。那么微控制器和微处理器之间有什么区别呢？对于外行来说，这两者之间几乎没有区别。在电子领域，Horowitz和Hill所著的《电子学》[1]通常被认为是本领域的圣经。我一直将这本书放置在触手可及的地方。在这本书第2版的第8章中讨论了被认为既是微控制器又是微处理器的芯片，引用了具有"强大数值计算能力"的英特尔80386。一般来说，微控制器和微处理器的区别是微处理器通常功能更强大，并对单纯的处理能力进行了优化，而其他的功能则由用户来选择添加。而

---

[1] 原著即《Art of Electronics》，译名《电子学（第2版）》，电子工业出版社出版。

Horowitz 和 Hill 对微控制器的定义是：在一个单独的芯片上包含了各种输入、输出和存储功能，并可以被单独使用。微控制器的主要设计目标是作为仪器的专用控制器，而不是作为一个通用的计算设备。

Arduino 采用的微控制器是 Atmel 公司的 ATMega 328P，这款伟大的微控制器使得快速开发项目变得容易。一般来说，在微控制器下，如果引导开发板的时候没有包含之前加载的软件，那么板子引导完成后将什么都不会做。当为 Arduino 编写软件的时候，代码将在控制器中独立运行。系统所有的软硬件都将在掌控之下。这意味着我们对开发板发生的一切有绝对的控制权。

而在配置了微处理器的 BeagleBone Black 中，程序一般运行在操作系统内部。我们都知道在台式计算机或者笔记本计算机中，可以运行的操作系统有 Windows、OS X 或者 Linux 等。BeagleBone Black 已经可以支持在其上运行一些 Linux 发行版，如 Debian、Ubuntu 等。BeagleBone Black 的社区成员也一直在努力将其他一些操作系统移植到 BeagleBone Black 上。但为什么要在开发人员和硬件之间运行一个操作系统呢？这样做除了可以增强其功能外，还有其他另外两个很好的理由。

- 简化功能强大的工具集——除了 GPIO，BeagleBone Black 还配备了 HDMI 图形接口，它还可以扮演 USB 控制器的角色和执行其他各种先进的操作。这些都在操作系统中提供了可供其他程序调用的接口。在没有操作系统的 Arduino 中，需要搜寻和引入各种库来使用这些功能，而且是在较低的层次和硬件进行交互。

- 扩大可用的选项——相比 Arduino，BeagleBone Black 可以为程序提供更多的运行空间。如果通过引入额外的库来访问各种高级操作，那么这些库需要编译到我们的程序中，并占用运行空间。取决具体的应用程序，我们可能会因此不得不放弃一些非常重要的直接对硬件的操作。

另外值得注意的是，BeagleBone Black 的微处理器比 Arduino 的微控制器有更强的计算能力。Arduino Uno 的微控制器的主频是 16MHz，而 BeagleBone Black 的微处理器的主频是 1GHz，即 Arduino Uno 主频的 50 倍以上。基于以上原因，微处理器在设计时一般都会比微控制器设计得更加强大。

到这里你也许会问，会有人采用 Arduino 开发平台或者类似其包含的微控制器，而不是选择类似 BeagleBone Black 中使用的微处理器么？答案是肯定的。通过 Arduino 可以直接操控硬件和精确控制时序，这是对 BeagleBone Black 极好的补充。在有操作系统的环境中，操作系统将给时钟控制带来非常高的不确定性。因此，如果项目需要精确的时钟控制，那么就可以使用Arduino来满足这些精确的控制需求。事实上，Arduino家族的最新成员Arduino Yun就同时配备了微控制器和微处理器，其包含的微处理器用来处理一些与网络接口相关的重载负荷。

1.3 读者将从本书学到什么

两类读者可以受益于本书。一类是电子产品的资深玩家和具有多年嵌入式编程经验的读者。他们可通过跳跃式地阅读来获取本书提供的知识。另一类是只用过Windows操作系统的读者，因为本书使用了众多缩写和术语，如"编译到你的程序中"，这类读者在阅读本书的时候会感到紧张。不过无论你处于何种水平，我想在这里引用Douglas Adams(《银河系漫游指南》的作者)的话来勉励读者："不要惊慌！"

当读到本书末尾时，富有经验的读者会充分了解BeagleBone Black以及如何在BeagleBone Black中实现自己已经熟悉的功能，不过处在这个阶段的他们往往容易犯错。刚入门的读者也学到了足够的知识——这时的他们更容易犯错。本书将从基础知识开始，然后过渡到稍微复杂的内容，以期望所有的读者都不会被落下。下面是本书后续各章的概要描述。

- 第2章"硬件介绍"详细介绍BeagleBone Black的硬件部分，BeagleBone的家族历史以及BeagleBone Black的诞生。本章也包含对术语的定义，方便读者了解本书所使用的术语。

- 第3章"入门"讨论如何开始学习BeagleBone Black。本章包含如何获取基本的硬件，第一次启动BeagleBone Black，以及除了让BeagleBone Black运行操作系统外，还可以让它做点其他的事情。这一章还介绍了将BeagleBone Black与外设连接，并介绍BeagleBone Black的开发社区。放心吧，在学习和使用BeagleBone Black的路上，你不会孤单。

- 第4章"硬件基础知识"介绍如何在BeagleBone Black中开发项目和控制BeagleBone Black做事情，并介绍实现各种目标的不同途径。本章就是我们通常所说的"Hello，World！"。

- 第5章"进一步探索"介绍除了默认操作系统之外其他几个可以在BeagleBone

Black中运行的操作系统。其中一个是Fedora，这是一个知名度很高且可维护性很好的发行版；另一个是Android，手机和平板用户应该对它很熟悉。

- 第6章"尝试其他操作系统"深入介绍我们讨论过的如何将硬件连接到BeagleBone Black的GPIO接口。如果你没有阅读电路图的经验，那么不用担心，本章将引导你轻松地跨过这个门槛。如果你是电子学方面的专家，本章将介绍如何在BeagleBone Black中开发你早就想实现的一些基本工具。

- 第7章"扩展硬件知识"深入介绍电路图设计、电子学基础知识和基本元器件。本章还将介绍把与GPIO接口的连接扩大至面包板上。

图1.5　含有原型电路的实验电路板，它真的不像乍看起来那么难

- 第8章"底层硬件与插件板"可以暂时从自己设计硬件中解脱出来。本章将讨论可以直接和BeagleBone Black相连的插件板（cape）并介绍如何为BeagleBone Black开发自己的插件板。

- 第9章"与外部世界交互（I）：传感器"将介绍如何使用传感器去感知周围世界正在发生的事情。传感器有很多种，它们的功能可以与人的五官相对应，但传感器的能力远远超过人类。可以使用传感器感知周围的环境信息并在项目中利用这些信息。

- 第10章"远程监控和数据收集"是基于在第9章中学到的通过传感器读取信息的。本章将介绍如何开发一个系统来监控开发板周围的环境状况和发布这些信息。

- 第11章"与外部世界交互（II）：反馈与驱动器"是第9章的延续，它着重介绍了驱动器。驱动器是可以执行某种特定行为的装置，如伺服系统、电机和线性驱动器。在第9章中讨论的则是基本的传感器，如读取周围环境亮度的感光元件等。

- 第12章"计算机视觉"介绍如何将摄像头连接到BeagleBone Black。结合前面章节的知识，本章使用BeagleBone Black开发一套系统，该系统可以通过面部检测来开锁。

- 第13章"监测汽车故障"。鉴于每辆1996年之后生产的汽车都配有标准的计算机接口，可以使用BeagleBone Black设计自己的"车载电脑"去跟踪车辆采集到的信息，还可以为低端车或旧车开发一些豪华车具有的功能。

- 第14章"地面控制系统"整合了之前所学到的知识。本章介绍所谓的软件定义无线电（Software-Defined Radio，SDR）。它首先介绍如何跟踪当地的飞机，然后介绍如何从卫星接收气象数据。

- 第15章"展望未来"，当读到本章时，你应该已经学到了很多基础知识。处于这个阶段的你会很容易犯各种错误，但这是一件好事。本章将为你介绍一些其他项目和学习资源，可以继续从中学到很多有用的知识。

我希望你在学习的过程中经常犯错。本人一直犯错，并从错误中（比从成功中）学到更多的知识。我也希望你从本书中学到你所期望学到的知识。本书用了大量篇幅来介绍如何连接BeagleBone Black和各种元器件，并介绍这些元器件的用途。本书介绍的元器件也只是市面上能够买到的元器件中的极少一部分，因此如何利用在本书学到的知识来探索其他元器件的使用方法就取决你自己的兴趣和努力了。

准备好了吗？让我们开始吧。

2

第2章 硬件介绍

熟悉我们所使用硬件的特性及其历史是很重要的，这有助于我们在后续的学习中深入理解在不同应用环境下的不同选择。本章将详细介绍BeagleBone Black的硬件部分及其历史。

2.1 BeagleBone Black家族简介

截至目前，BeagleBoard.org基金会推出了4代开发板，其中BeagleBone Black是最新的一代，也是一款旗舰产品。BeagleBoard.org基金会的愿景是助力开源软件和开源硬件领域内的教育，并推广开源社区中孕育的优质项目。BeagleBoard.org推出的所有开发板均采用德州仪器公司的微处理器。

BeagleBoard系列开发板采用的微处理器均基于ARM架构。ARM是指采用特殊指令集的一类微处理器。在本书中，ARM是指采用英国Acorn计算机公司设计的指令集的处理器。这类似于大多数笔记本计算机或台式计算机中采用的英特尔x86指令集。然而，ARM指令集与x86指令集不同。ARM架构采用的是精简指令集设计，即RISC（Reduced Instruction Set Computer）。这种架构由英国的Acorn公司设计，所以基于这种架构的处理器均称为Acorn RISC Machine，缩写为ARM。采用这种架构意味着ARM处理器可以用更少的指令和耗电来做更多的事情。这些优点使得ARM系列处理器在嵌入式计算领域非常受欢迎。

第一代BeagleBoard开发板推出于2008年，如图2.1所示。它的价格是125美元，对于BeagleBoard家族来说这个版本是一个伟大的开始。第一代BeagleBoard配备了主频为720MHz的ARM处理器，保持持续更新并在2012年推出了D版本。BeagleBoard这一单板计算机提供可以媲美笔记本计算机功能的硬件，同时具有功耗更低、体积更小的特性。BeagleBoard的一大优点是它的开源硬件设计及默认运行开源软件。这意味着BeagleBoard所有版本的设计原理图都是开放的。这些设计可以被任何人复制、修改和使用。

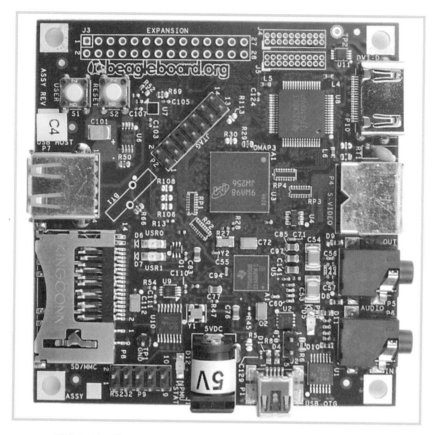

图2.1　第一代BeagleBoard开发板（图片来源：BeagleBoard.org）

BeagleBoard家族的开源特性意味着任何人（无论是电子爱好者还是嵌入式系统设计专家）都可以容易地为BeagleBoard设计扩展功能或者将其复制并嵌入到更大的嵌入式系统中。

第二代开发板被命名为BeagleBoard-xM，如图2.2所示。从BeagleBoard-xM的推出我们可以看到开源设计及其活跃社区带来的益处。BeagleBoard-xM在2010年推出，其价格稍微贵些，上升至149美元。伴随着成本的增加，BeagleBoard-xM相比第一代BeagleBoard开发板有了一些改进。这些改进包括将CPU的频率从720 MHz升级到了1 GHz（DM3730 ARM处理器）。来自BeagleBoard社区的改进建议在BeagleBoard-xM的设计中发挥了很大作用，使得BeagleBoard-xM可以满足应用程序开发人员以及系统设计人员的需求。

图2.2　BeagleBoard-XM（图片来源：BeagleBoard.org）

第三代开发板被命名为BeagleBone，如图2.3所示。这款开发板稍微便宜些，售价为89美元。BeagleBone与第一代的BeagleBoard功能类似，配备了一个主频为720 MHz的德州仪器的Sitara ARM处理器。与前两代开发板相比，BeagleBone有一个重大的改进，就是将GPIO口统一放置到开发板的两侧。这种设计为给BeagleBone开发硬件插件板带来了极大的益处。这些硬件插件板可以直接插入到BeagleBone的两侧，并可重复叠加，最多可连续叠加4块插件板。这促进了Beagle家族的产品被广泛采用，并极大地促进了社区的发展与壮大。

图2.3　BeagleBone

对BeagleBone的推广起到重要作用的项目是OpenROV。它的创始人是David Lang与Eric Stackpole。这个项目是一个代价不高但是可以通过远程控制执行水下探索任务的无人机项目。我有幸且很高兴与OpenROV团队在水瓶座礁石基地[1]共事过，当时OpenROV在进行第一次海上测试。最初OpenROV的采用的开发板是BeagleBone，在新的OpenROV 2.5版本中，BeagleBone Black取代BeagleBone成为新的主控计算机。

---

[1]　水瓶座礁石基地（Aquarius Reef Base）是世界上唯一一个仍在使用的海下实验基地，归美国联邦政府所有。

图2.4　OpenROV在水瓶座礁石基地准备海上实验

BeagleBone的最新版本是BeagleBone Black，如图2.5所示。本书其余章节将重点介绍BeagleBone Black。本章后续部分将详细介绍BeagleBone Black的硬件。

图2.5　BeagleBone Black（图片来源：BeagleBoard.org）

2.2　BeagleBone Black的硬件规格

使用像BeagleBone Black这样的开源硬件的好处是可以获得其硬件广泛和详细的规格说明。读者可以在网上轻松地找到BeagleBone Black的电路原理图、电路板布局等其他细节。BeagleBone Black的硬件详细规格如表2.1所示。

表2.1　BeagleBone Black硬件规格

	规格说明
处理器	德州仪器 Sitara AM3358 ARM Cortex-A8 @ 1 GHz
RAM	512MB DDR3
板载闪存	4GB eMMC
以太网	10/100Mbit/s RJ45
外置存储器	microSD

如之前章节所述，BeagleBoard家族的开发板均采用德州仪器的ARM处理器。最新的BeagleBoard Black（版本C）采用德州仪器的Sitara AM3358 ARM Cortex-A8系列处理器。该系列处理器的主频为1GHz，即每秒10亿个时钟周期。

虽然多任务处理已经是常识，但处理器在每个时钟周期却只能做一件事情（这里说得不是特别准确，因为基于某些流水线技术的处理器可以同时做几件事情，但本文主要介绍基于简单设计的处理器）。系统时钟触发同步活动。时钟类似于芯片上组件的节拍器，操作系统决定某个任务在何时可以使用系统中的哪些硬件。注意这里的时钟并不是读秒器，相反，它只是简单的开和关。不过德州仪器的Sitara 3358的确配备了实时时钟（Real-Time Clock，RTC）用于记录时间。

在时钟脉冲的每个间隙，微处理器执行机器级指令，这是一个低层次的指令。相对于打开文件的语句级别的指令，机器级指令只可以读/取小块存储空间、执行逻辑操作或数学计算。微处理器只能执行数量有限的机器级指令，其他更加复杂的操作可以通过这些机器级指令的组合来完成。

本书在这里提到这些概念只为介绍BeagleBone Black微处理器的机器级指令。我们不会在本书中使用这些机器级指令来编码，虽然本书还是介绍了一些非常好的与微处理器机器级指令相关的资源。可以只用这些指令来开发直接运行在微处理器上的软件。这些软件的运行可以不需要操作系统的帮助。不过使用机器级指令开发程序已经超出本书的讨论范围。

本章的后续部分将详细介绍表2.1中的每个部件。

2.2.1　处理器

在上一节中，我们已经简单地介绍了BeagleBone Black的微处理器。因此我们知道BeagleBone Black采用的微处理器是具有1GHz主频的ARM CPU。这就是这款德州仪器的芯片中包含的所有器件么？当然不是。微处理器只是芯片内置的27个子系统中的其中之一，该芯片还包含下列子系统。

■ 两个独立可编程的微控制器，其可以提供精确的时序和控制。

■ 图形加速器，用来分担微处理器的图形处理任务，如渲染3D图形。

■ 一组独立的控制器，用于映射内存及连接片外存储器。

■ 直接驱动触摸屏灵敏度的控制器，还可以用于控制液晶显示器（LCD）。

■ 与协议有关的控制器，包括以下几种：

　● 通用异步接收器/发送器（UART）；

　● 通用串行总线（USB）；

　● I^2C总线；

　● 控制器局域网（CAN）；

　● 硬件触摸屏回读；

　● LCD/HDMI图形显示控制。

■ 以太网控制器。

■ 多媒体卡（MMC）控制。

大部分的子系统协助微处理器执行任务，或者方便微处理器与其他组件交互。所有的子系统均包含在那个很小的芯片上。这款芯片究竟有多小？如图2.6所示，它的物理体积是15mm×15mm。你所看到的是一个封装好的芯片，实际的芯片只占了封装很小的一部分。大部分封装的体积是方便与外部设备连接用的。

这款芯片提供的所有功能使得BeagleBone Black成为一个强大的平台。

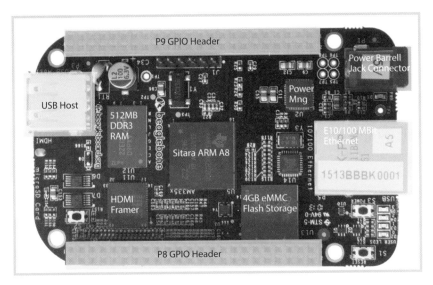

图2.6　BeagleBone Black的核心是Sitara AM3358微处理器

2.2.2　RAM

你应该已经认识RAM这个术语，因为它经常在计算机的规格参数中出现。知道RAM的确切含义？RAM是随机存取存储器（Random Access Memory）的缩写。当访问存在RAM中的数据时，可以访问存储在其上的任何部位的信息，而不需要跳过某些数据，或者通过移动一些东西来访问想要的数据。例如，在硬盘驱动器中，需要首先花费时间移动到硬盘的某个位置，然后读 / 写其内容。但在RAM中，只需要提供需要检索信息的地址，然后便可以立即访问到这些地址上的数据。这种访问的速度非常快，但是以牺牲持久性为代价的。当断电时，存在大多数RAM中的信息将丢失，这就是所谓的易失性存储器。但这是可以接受的，因为RAM存在的真正目的是保存正在运行的程序需要的信息，需要长期保存的信息存储在别处。当一个程序需要一个变量来存储一条信息时，RAM将为这个变量分配空间，且读写这个空间的速度非常快。读写的速度越快越好，因为它会影响整个程序的执行速度。

BeagleBone Black可以存储536870912个字节（Byte），也就是512MB。注意1MB等于1048576B，而不是1000000B。这是一个很大的存储空间，但正如将在后续章节中看到的，同一时刻可以有很多程序在系统中运行，所有这些程序都会争夺RAM空间。当系统占用所有的RAM后，一些存储在RAM中但不会立刻会用到的信息将被"换下场"，也即移动到临时存储区，这就是换页。这似乎是一个伟大的处理方法，因为它可以提高RAM的利用率。但美中不足的是，临时存储区的访问速度总是比RAM慢。系统中的RAM越多，系统越不需要换页。BeagleBone Black就有比前几代更多的RAM，这对提升系统的运行速度起到了明显效果。

2.2.3　板载闪存与MicroSD外置存储器

当我们存储不宜放置到RAM中或者断电时需要继续保留的信息时，可以把这些信息存储在哪里呢？这就是闪存发挥其特长的地方。闪存与台式/笔记本计算机中硬盘的功能相似。事实上，很多笔记本计算机已经用固态硬盘（Solid-State Drive，SSD）来替代传统的硬盘，而固态硬盘使用的就是闪存。

BeagleBone Black版本C配置的固态硬盘是4GB，这类似于系统配置一个4GB的硬盘。这些空间并不大，但是对于存储操作系统和一些基本的功能来说已经足够了。可以通过在BeagleBone Black中添加microSD卡来获取更大的存储空间。你或许已经在数码相机、手机或者其他设备中见过SD卡，它可以极大地扩展可用存储空间。

2.2.4　以太网

BeagleBone Black配置了以太网口。该网口允许通过以太网将BeagleBone Black连接到网络中，最大的连接速度为100Mbit/s。对于在BeagleBone Black中运行的大多数程序来说，这样的网速还是不错的。在BeagleBone Black中，处理以太网数据的物理单元是外置在Sitara芯片外的额外的芯片。

在BeagleBone Black中也可以通过USB口外接Wi-Fi设备来提供无线网络。Wi-Fi无线网络可将BeagleBone Black通过无线连接到网络，这种连接非常方便，因为不需要确保身边随时有以太网口。

2.2.5　输入/输出接口

最后一个重要的硬件规格是BeagleBone Black两侧的接口，它们是通用输入/输出口，即GPIO。在本书的例子和项目中，我们将多次使用GPIO。GPIO用最简单的形式提供了控制这些接口的方法。虽然并不是所有的接口都可以通过同样的方式使用，但这些接口的多样性保证了可以通过这些接口向BeagleBone Black添加任何想要的功能，包括驱动自己设计的器件和接口。想为项目添加一个LED灯？通过GPIO口连接LED灯，就可以控制LED的开与关。想使用BeagleBone

Black默认不支持的通信协议？通过一组GPIO，就可以编写自己的通信接口。通过这些GPIO接口也可以访问很多内置协议、连接电源及接地。

GPIO在物理上分为两个集群：P8和P9。这些是接口的物理名，每个接口被分别编号，但是在不同的逻辑下可能有不同的名字。在本书中我会尽量指出我所用的GPIO的物理及逻辑名。

每个集群都有46个接口，可以插入连接线。每个接口都有不同的使用模式，在后续的章节中我们会详细介绍。表2.2提供了所有的接口列表。

表2.2　BeagleBone Black两侧的扩展接口

P9				P8			
地	1	2	地	地	1	2	地
+3.3V电源	3	4	+3.3V电源	GPIO	3	4	GPIO
+5V输入电源	5	6	+5V输入电源	GPIO	5	6	GPIO
+5V系统电源	7	8	+5V系统电源	GPIO	7	8	GPIO
+5V逻辑电位	9	10	系统复位	GPIO	9	10	GPIO
GPIO	11	12	GPIO	GPIO	11	12	GPIO
GPIO	13	14	GPIO	GPIO	13	14	GPIO
GPIO	15	16	GPIO	GPIO	15	16	GPIO
GPIO	17	18	GPIO	GPIO	17	18	GPIO
GPIO	19	20	GPIO	GPIO	19	20	GPIO
GPIO	21	22	GPIO	GPIO	21	22	GPIO
GPIO	23	24	GPIO	GPIO	23	24	GPIO
GPIO	25	26	GPIO	GPIO	25	26	GPIO
GPIO	27	28	GPIO	GPIO	27	28	GPIO
GPIO	29	30	GPIO	GPIO	29	30	GPIO
GPIO	31	32	ADC参考电压	GPIO	31	32	GPIO
模拟输入	33	34	模拟地	GPIO	33	34	GPIO
模拟输入	35	36	模拟输入	GPIO	35	36	GPIO
模拟输入	37	38	模拟输入	GPIO	37	38	GPIO
模拟输入	39	40	模拟输入	GPIO	39	40	GPIO
GPIO	41	42	GPIO	GPIO	41	42	GPIO
地	43	44	地	GPIO	43	44	GPIO
地	45	46	地	GPIO	45	46	GPIO

所有这些GPIO接口都可以有多种使用方式和用途。取决于所连接到系统的器件，许多接口可能不可用。本书第4章将讨论不同的编程语言及在不同的编程语言下如何访问这些接口，而现在我只想简要地介绍这些约定。Adafruit公司开发的BBB GPIO库提供了这些接口的便捷访问方法，通过一个如下所示的字符串来访问：

```
string := P<header>_<pin>
header := 8 or 9
pin := 1...46
```

举例来说，如果想访问P8的编号为35的GPIO引脚，那么它对应的字符串如下：

```
P8_35
```

是不是很容易？第4章介绍的BoneScript语言也使用同样的方式来访问这些引脚，不过那里使用的是变量命名，而不是基于字符串的约定。通过操作系统或使用C/C++库来访问这些接口要稍微复杂些。在本书的大部分内容中，我会采用BoneScript或者Python的格式。请放心，本书在使用GPIO接口时会明确地把它表示出来。在不是特别直白的时候，本书将提供额外的参考信息来说明具体使用的是哪些引脚。

3

第3章 入门

开始学习 BeagleBone Black 前，你会希望购买这款开发板以及其他一些必要的配件。Beagleboard.org 网站列出了 BeagleBone Black 的经销商（请参考 http://beagleboard.org/black）。当然我有自己喜好的经销商，而且他们都是创客社区两个重要的经销商。

- SparkFun 电子（http://sparkfun.com）：总部位于科罗拉多州博尔德市。它的成立是受到开源和开放式硬件的启发。SparkFun 电子提供广泛的电子产品，并对创客社区提供持续的支持。SparkFun 电子还提供优秀的辅导教程及活跃的在线论坛，在 SparkFun 的论坛中你总能找到所需要的项目帮助。如果你住在博尔德市附近，一定要留意和参加 SparkFun 赞助的各种现场活动。

- Adafruit（http://adafruit.com）：总部位于纽约市。公司创办人为 Limor Fried，她是创客领域鼎鼎有名的人物。Adafruit 可以提供项目中需要的各种电子器件，如果你想在本书介绍的这些项目的基础上更进一步，那么或许会需要从 Adafruit 购买电子器件。在 Adafruit 的网站上也可以找到丰富的教程。

我购买电子器件的时候经常在这两家公司间徘徊。它们都是优秀的公司，对我和无数创客们都提供过极大的帮助。不过决定从哪家公司购买器件不应该像我这样犹豫不决，这两家公司相互合作，一起参加活动，而且对顾客都非常友好。它们代表着最优秀的公司，因为彼此之间不会相互恶意竞争。它们都很支持创客社区，并且极力地为创客们的项目提供服务。如果你对电子基础或者更复杂的技术存在疑问，通常可在任意一家公司的教程或者论坛中找到相关的信息，或通过给它们发电子邮件来获得技术支持。

在每章的开始，我会列出这一章需要的电子器件。本章将从实践操作入手来配置和运行 BeagleBone Black。我们需要以下几种器件。

- BeagleBone Black；

- USB连接线（USB A到USB Mini B）；

- +5V直流电源适配器（至少1000 mA）；

- 以太网线。

大家购买的BeagleBone Black已经配套了相应的USB连接线，如果没有找到，请务必联系供应商。如果你的BeagleBone Black是朋友赠送的，那请礼貌地向他（或她）索要USB连接线。我们需要通过一种方式建立BeagleBone Black与其他计算机之间的通信。假设使用的是一台笔记本计算机，本章讨论如何将BeagleBone Black与笔记本计算机连接，以及如何通过以太网远程连接BeagleBone Black。此外，也可以选择直接将显示器、键盘和鼠标连接到BeagleBone Black。

3.1 设置BeagleBone Black

重要的时刻终于来临，是时候给BeagleBone Black供电并让其开始工作了！首先将BeagleBone Black通过USB线连接到笔记本计算机。这是一个很简单的操作，只需将USB连接线的一端接到BeagleBone Black，另一端插入到笔记本计算机的某个USB接口。

一旦BeagleBone Black成功连接到计算机，将会看到BeagleBone Black上的LED灯亮了起来。其中应该有4个LED灯开始闪烁，这是4个"用户"灯被分别命名为USR0、USR1、USR2和USR3，如图3.1所示。此外还有一个电源指示灯PWR，它应该一直保持亮着。用户灯在不同的情况下会表现不同的闪烁动作。默认情况下，BeagleBone Black的4个用户灯设置如下。

- USR0——该灯以心跳模式闪烁：快速闪烁两次后暂停；然后重复。

- USR1——microSD卡在使用时该灯闪烁；否则该灯保持不变。

- USR2——CPU在活动的时候该灯闪烁。

- USR3——访问内置闪存时该灯闪烁。默认情况下操作系统被安装在嵌入式多媒体卡（embedded Multi-Media Card，eMMC）上。BeagleBone Black访问内置的默认操作系统和文件系统时该灯将会闪烁。

图3.1 BeagleBone Black的用户灯、电源指示灯和USB接口

为了和BeagleBone Black通信，需要在笔记本计算机中安装相应的驱动程序。在运行操作系统为Windows 7的计算机上，只需通过USB接口将BeagleBone Black连接到笔记本计算机，预先存储在BeagleBone Black的驱动程序将自动安装，所以不需要花费额外的时间去寻找这些驱动。读者也可以从BeagleBoard的网站（http://beagleboard.org/getting-started）下载相应的驱动程序。这些驱动程序分别适用于32位和64位的Windows、OS X及Linux。请根据笔记本计算机的操作系统下载相应的驱动程序和阅读安装说明。

现在，BeagleBone Black已经可以运行并且安装好了驱动程序。接下来可以用它做些什么？BeagleBone Black默认情况下已运行了Web服务器。读者可通过Chrome或Firefox浏览器访问BeagleBone Black的Web服务器，其网址为http://192.168.7.2。

注意

Web浏览器警告

该Web服务器与Microsoft的Internet Explorer不兼容，所以请使用Chrome或Firefox或者与它们兼容的浏览器，记住不能使用Internet Explorer。从下面的链接可下载最新的Chrome或Firefox浏览器：

http://www.google.com/chrome/browser

http://www.mozilla.org/en-US/firefox/new

请打开网址http://192.168.7.2。此时应该看到一个非常丰富多彩的、活跃的网页，其中包含了如图3.2所示的横幅。

图3.2　BeagleBone内置网页中的横幅说明BeagleBone Black工作正常

这条横幅提供了BeagleBone Black的一些信息。首先请注意横幅是绿色的，且有复选标记，这一定意味着一切都正常，对吧？此外，横幅的出现说明已经将BeagleBone Black连接到了笔记本计算机，这些都是很好的迹象，表明BeagleBone Black正常工作。表3.1提供了一些其他信息。

表3.1　默认网页上的横幅提供的信息

列表信息	描述
BeagleBone Black	你买了一个BeagleBone Black，对吧？这就是你已经购买的BeagleBone Black
版本000C	此刻正在运行的是修订版为C的BeagleBone Black
S/N 2314BBBK0577	BeagleBone Black的序列号
BoneScript 0.2.4	BeagleBone Black运行的BoneScript的版本是0.2.4。BoneScript对应BeagleBone环境中的JavaScript版本
192.168.7.2	BeagleBone Black通过USB连接到计算机时被分配的IP地址，即读者此前输入到浏览器地址栏中的地址

恭喜！现在已成功启动、连接和建立BeagleBone Black与笔记本计算机之间的通信了！这挺容易吧？下一步要介绍的是如何控制用户灯使其闪烁。在打开的那个网页的中间部分有一个章节叫"Cloud9 IDE"（IDE，全称为Integrated Development Environment，即集成开发环境）。单击"Cloud9 IDE"后将在浏览器中打开一个新的标签页，如图3.3所示。这是一个强大的、直接运行在BeagleBone Black上的Web版本的IDE。什么是IDE？IDE是集所有功能于一体的编程环境，它包含了编辑器、编译器或解释器等诸多实用功能。

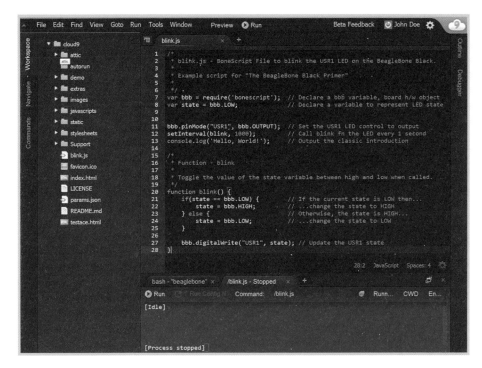

图 3.3   在 BeagleBone Black 中运行 Cloud9 IDE

当学习一门新的编程语言时，传统的做法是编写第一个程序使得其以适当的方式显示"Hello, World!"。在许多编程语言中，这通过简单的打印信息来完成，而在某些 Windows 环境中，会选择显示一个对话框来输出信息。这个传统在硬件世界演变为"让 LED 灯每秒闪烁一次"。

下面介绍如何在"Cloud9 IDE"中显示信息和控制 BeagleBone Black 的 LED 灯闪烁。请按照下列步骤来创建一个新的文件，编写和运行代码来控制 LED 灯闪烁。

（1）在 Cloud9 IDE 的主窗口中单击"+"按钮，然后选择新建文件，这将打开一个空白文本文件，在这里可以编写代码。如果有其他页面打开，可以关闭它们，也可以选择细读这些页面上的"入门"信息。

（2）将清单 3.1 中的代码输入到刚刚打开的空白文本文件中。

（3）将文件保存到 BeagleBone Black 中并命名为 blink.js。

（4）单击 IDE 的运行按钮。

清单3.1   blink.js

```
1.  /*
2.  * blink.js - BoneScript File to blink the USR1 LED on the BeagleBone Black.
3.  *
4.  * Example script for "The BeagleBone Black Primer"
5.  *
6.  */
7.  var bbb = require('bonescript'); // Declare a bbb variable, board h/w object
8.  var state = bbb.LOW;         // Declare a variable to represent LED state
9.
10.
11. bbb.pinMode('USR1', bbb.OUTPUT); // Set the USR1 LED control to output
12. setInterval(blink, 1000);    // Call blink fn the LED every 1 second
13. console.log('Hello, World!');  // Output the classic introduction
14.
15. /*
16. * Function - blink
17. *
18. * Toggle the value of the state variable between high and low when called.
19. */
20. function blink() {
21.    if(state == bbb.LOW) {  // If the current state is LOW then...
22.      state = bbb.HIGH;   // ...change the state to HIGH
23.    } else {            // Otherwise, the state is HIGH...
24.      state = bbb.LOW;    // ...change the state to LOW
25.    }
26.
27.    bbb.digitalWrite('USR1', state); // Update the USR1 state
28. }
```

等待几秒后就会看到代码开始执行。你会看到用户灯USR1开始闪烁：亮1秒，灭1秒。成功！下面来仔细分析源代码。源代码以下面6行代码开始。

```
1.  /*
2.  * blink.js - BoneScript File to blink the USR1 LED on the BeagleBone Black.
3.  *
4.  * Example script for "The BeagleBone Black Primer"
5.  *
6.  */
```

这些代码看上去非常易读，而不像是源代码。其实这几行代码是注释语句。每条注

释以 "/*" 开始，以 "*/" 结束，注释的具体内容放在 "/*" 与 "*/" 之间。第2行到5行的星号是为了让注释更加美观。BoneScript/JavaScript 也采用另外一种注释方法，即使用 "//"。这种注释的作用域为一行，从 "//" 到行尾的所有语句均为注释。注释语句是不被执行的。本书在介绍不同的编程语言时使用不同的注释风格。

代码第7行引入了 bonescript 库：

```
7.  var bbb = require('bonescript'); // Declare a bbb variable, board h/w object
```

这行代码完成了很多幕后的、不需要读者现在去了解的操作。变量bbb被赋予了访问库的权限，这意味着可通过变量bbb访问bonescript库中的资源，如下面这条语句所示：

```
8.  var state = bbb.LOW; // Declare a variable to represent LED state
```

第8行声明了一个新的变量state。我们将使用state跟踪对USR1的状态设置（HIGH或LOW，即使得USR1亮或灭）。当state被设置为HIGH时，连接USR1的电路被加载了+5V的电压；而当state被设置为LOW时，连接USR1的电路加载的电压为0V。当电压为+5V时，通过USR1的电流增加，意味着USR1将亮起。

需要重点记住的是，不管设置state为HIGH还是LOW，都不会改变电源对BeagleBone Black的供电。上述的功能是通过digitalWrite函数实现的，这是bonescript库提供的功能，在这里可以通过变量bbb访问。后续章节将介绍此函数的更多信息。现在让我们通过一行代码来设置某个端口的电气特性：

```
11. bbb.pinMode('USR1', bbb.OUTPUT); // Set the USR1 LED control to output
```

这行代码调用bonescript库中的pinMode函数，并使用了bonescript库中定义的OUTPUT常量。这行代码的作用是设置USR1接口来输出电压，而不是感应其连接的电路上的电压。总体而言，此行代码执行的是"将连接USR1的接口设置为输出，并准备好输出"。

下一行代码调用函数setInterval：

```
12. setInterval(blink, 1000);  // Call blink fn the LED every 1 second
```

这行代码告诉系统每秒调用blink函数一次。第13行代码与USR1的闪烁无关，它用于向控制台打印一行简单的声明：

```
13. console.log('Hello, World!');  // Output the classic introduction
```

你会在Cloud9 IDE的页面底部的标签"/blink.js-Running"下看到打印出来的信息，如图3.4所示。

图3.4　打印到控制台的"Hello, World!"声明

最后一行语句定义了函数blink。这个函数执行的任务是检查变量state的值，然后将state的值置反。blink函数每秒被setInterval函数调用一次。blink函数最重要的部分在27行，即对digitalWrite函数的调用及改变和USR1连接的GPIO接口的状态：

```
27. bbb.digitalWrite('USR1', state); // Update the USR1 state
```

上述这些代码就是通过调用BoneScript库来控制LED灯闪烁及打印消息到控制台的所有代码！需要重点记住的是，BoneScript只在bonescript库中做了定义，底层的语法和结构是用JavaScript（在Web领域广泛使用的脚本语言）编写的。读者可通过阅读JavaScript教程或其他资源来详细了解底层的技术，或者解答有疑问的地方。

因为BoneScript非常方便，在本书介绍的简单例子中会一直使用它。对于更加复杂的代码和功能，我会使用其他的编程语言，比如C/C++和Python。读者可能不熟悉这些语言，所以我会在代码中添加良好的注释；不过我强烈建议读者去阅读其他的教程来深入了解这些编程语言。本书就不详细介绍这些编程语言了，因为它们不是本书的重点。下一章将探讨使用BoneScript和Cloud9 IDE进行更加复杂的开发，并介绍与其他语言编程相关的基础知识。

3.2　连接以太网

到目前为止，我们已经可以通过USB连接线将BeagleBone Black连接到计算机，这是极好的开端。但BeagleBone Black的强大之处在于它是一个可以独立工作的计算机。下面将介绍如何将BeagleBone Black直接连接到网络中。

可以通过以太网线达到此目的。我们需要为BeagleBone Black供电，为此需要一个电源适配器。我是从SparkFun购买的电源适配器，它的输出电压为+5 V，可提供高达1A的电流。

大多数家庭网络均采用动态主机配置协议（Dynamic Host Configuration Protocol，DHCP）。在此协议下，网络中的每个节点自动获得IP地址。在BeagleBone Black中，当通过USB将BeagleBone Black连接到笔记本计算机的时候，它的IP地址被设置为192.168.7.2。有时候使用这个接口提供的地址是很方便的，也可以同时将USB连接线和以太网线插入到BeagleBone Black，并查看通过以太网接口分配的IP地址。如果USB口已经连接，那么请继续将太网线插入到BeagleBone Black来将其连接到网络中。

当用以太网线连接BeagleBone Black的时候，会看到以太网端口的指示灯亮了起来，这意味着连接已经成功！现在将通过一个软件使用SSH协议登录到BeagleBone Black中来查看通过以太网接口获得的IP地址。这时我们需要走进Linux命令行的世界。

很多软件支持SSH协议。如果你的计算机运行的操作系统是Linux或者OS X，那么只要打开终端就行了。在这两个系统下使用的命令也一样。下面介绍如何在Linux命令行下通过SSH协议连接到BeagleBone Black。这个过程和在OS X下是一样的。稍后将介绍在Windows下如何操作。

在命令行中输入以下命令：

```
[brian@mercury-fedora-vm ]$ ssh root@192.168.7.2
```

通过此命令，你将通过SSH协议以root身份登录到IP地址为192.168.7.2的计算机。我们知道这是BeagleBone Black通过USB连接获得的IP地址。如果连接是正确的，那么执行这个命令后，将显示以下提示：

```
The authenticity of host '192.168.7.2 (192.168.7.2)' can't be established.
ECDSA key fingerprint is c0:81:1a:f4:58:b9:51:15:00:df:ee:71:c4:d9:fd:54.
Are you sure you want to continue connecting (yes/no)?
```

这个提示与安全有关。你的笔记本计算机从来没有通过SSH协议连接到这台BeagleBone Black，所以这个提示的目的是确认你真的想连接到这台BeagleBone Black。这有什么好处呢？它会确保你连接的是自己想连接的计算机。在输入

"yes"后，ssh程序会接受安全秘钥，并把正在使用的这台笔记本计算机添加到已知服务器的列表中。

```
The authenticity of host '192.168.7.2 (192.168.7.2)'can't be established.
ECDSA key fingerprint is c0:81:1a:f4:58:b9:51:15:00:df:ee:71:c4:d9:fd:54.
Are you sure you want to continue connecting (yes/no)? yes
Warning: Permanently added '192.168.7.2' (ECDSA) to the list of known hosts.
```

你请求使用root账号登录到BeagleBone Black。root账号的权限非常强大，所以应该设置密码保护。默认情况下，BeagleBone Black使用一个空白的root密码。后面将介绍如何修改这个默认密码。

在Windows环境下，推荐使用PuTTY软件来进行SSH连接。通过谷歌搜索很容易找到PuTTY的下载链接，它的安装过程也极其简单。启动PuTTY后会看到如图3.5所示的配置窗口，注意在主机名的字段，我已经输入通过USB连接获得的BeagleBone Black的IP地址：192.168.7.2。在主机名下面可以选择使用的协议，此处选择SSH。当完成这些输入后，请单击打开按钮。

图3.5 PuTTY的配置窗口

此时弹出的窗口显示的信息类似于第一次通过Linux终端连接BeagleBone Black时出现的提示信息，如图3.6所示。单击"Yes"按钮接受安全密钥，继续登录过程。

图3.6　PuTTY的安全警告窗口

从这时开始，不管使用何种操作系统或何种终端应用，看到的输出将会是一样的。这是因为你看到的输出结果是从BeagleBone Black输出的结果。从现在起，如果通过USB连接用SSH协议登录到BeagleBone Black，将不会再出现安全密钥提示。

在会话窗口中将出现以下命令提示符：

```
root@beaglebone:#
```

这是默认的用户提示。如果你熟悉Linux或类似的操作系统，那么应该知道正在使用的是Bash shell。提示的信息是非常有用的，而且也是可以定制的。表3.2列出了默认的提示信息。

表3.2　默认的提示信息

提示信息	说明
root	登录的用户名
beaglebone	登录的主机名
~	当前的工作目录（波浪线代表用户的主目录）

接着输入第二个命令：ifconfig。这个命令报告系统当前的网络状态。运行ifconfig后将显示以下信息：

```
root@beaglebone:# ifconfig
eth0    Link encap:Ethernet HWaddr 7c:66:9d:58:bd:41
        inet addr:192.168.1.161 Bcast:192.168.1.255 Mask:255.255.255.0
```

```
        inet6 addr: fe80::7e66:9dff:fe58:bd41/64 Scope:Link
        UP BROADCAST RUNNING MULTICAST MTU:1500 Metric:1
        RX packets:4059 errors:0 dropped:2 overruns:0 frame:0
        TX packets:147 errors:0 dropped:0 overruns:0 carrier:0
        collisions:0 txqueuelen:1000
        TX bytes:616100 (601.6 KiB) TX bytes:18322 (17.8 KiB)
        Interrupt:40

lo      Link encap:Local Loopback
        inet addr:127.0.0.1 Mask:255.0.0.0
        inet6 addr: ::1/128 Scope:Host
        UP LOOPBACK RUNNING MTU:65536 Metric:1
        RX packets:0 errors:0 dropped:0 overruns:0 frame:0
        TX packets:0 errors:0 dropped:0 overruns:0 carrier:0
        collisions:0 txqueuelen:0
        RX bytes:0 (0.0 B) TX bytes:0 (0.0 B)

usb0    Link encap:Ethernet HWaddr e6:8c:89:9a:b6:c8
        inet addr:192.168.7.2 Bcast:192.168.7.3 Mask:255.255.255.252
        inet6 addr: fe80::e48c:89ff:fe9a:b6c8/64 Scope:Link
        UP BROADCAST RUNNING MULTICAST MTU:1500 Metric:1
        RX packets:1717 errors:0 dropped:0 overruns:0 frame:0
        TX packets:136 errors:0 dropped:0 overruns:0 carrier:0
        collisions:0 txqueuelen:1000
        RX bytes:200409 (195.7 KiB) TX bytes:31059 (30.3 KiB)
```

返回的结果表明系统当前有3个网络适配器：eth0、lo和usb0。可以先忽略lo，它是BeagleBone Black的回环网络。我们感兴趣的两个适配器是eth0和usb0。其中USB连接对应的适配器是usb0。这里显示了很多信息，如下所示。其中我们感兴趣的是inet addr。

```
usb0    Link encap:Ethernet HWaddr e6:8c:89:9a:b6:c8
        inet addr:192.168.7.2 Bcast:192.168.7.3 Mask:255.255.255.252
        inet6 addr: fe80::e48c:89ff:fe9a:b6c8/64 Scope:Link
        UP BROADCAST RUNNING MULTICAST MTU:1500 Metric:1
        RX packets:1717 errors:0 dropped:0 overruns:0 frame:0
        TX packets:136 errors:0 dropped:0 overruns:0 carrier:0
        collisions:0 txqueuelen:1000
        RX bytes:200409 (195.7 KiB) TX bytes:31059 (30.3 KiB)
```

与此地址关联的值应该看起来很熟悉。这是我们SSH登录到BeagleBone Black时使用的IP地址。那么通过DHCP赋予以太网端口的IP地址是什么？以太网端口的适配器名字为eth0，通过其inet addr字段，可以看到DHCP分配给BeagleBone Black的IP地址是192.168.1.161，如下所示。

```
eth0   Link encap:Ethernet HWaddr 7c:66:9d:58:bd:41
       inet addr:192.168.1.161 Bcast:192.168.1.255 Mask:255.255.255.0
       inet6 addr: fe80::7e66:9dff:fe58:bd41/64 Scope:Link
       UP BROADCAST RUNNING MULTICAST MTU:1500 Metric:1
       RX packets:4059 errors:0 dropped:2 overruns:0 frame:0
       TX packets:147 errors:0 dropped:0 overruns:0 carrier:0
       collisions:0 txqueuelen:1000
       TX bytes:616100 (601.6 KiB) TX bytes:18322 (17.8 KiB)
       Interrupt:40
```

现在BeagleBone Black已经通过以太网端口连接到网络中，你可以拔掉USB连接线，并将+5V电源适配器插入到BeagleBone Black。此时的BeagleBone Black已经连接到网络中，而且其连接是独立于笔记本计算机的。BeagleBone Black现在已成为家庭网络中的一个独立节点。

在浏览器中输入eth0的IP地址（我的BeagleBone Black通过DHCP获得的IP地址是192.168.1.161），会看到类似图3.7所示的网页。

图3.7   出现的横幅表明一切工作正常，这次是通过以太网口连接的BeagleBone Black

现在请通过eth0接口SSH登录到BeagleBone Black，你会看到熟悉的结果。

```
[brian@mercury-fedora-vm ]$ ssh root@192.168.1.161
The authenticity of host '192.168.1.161 (192.168.1.161)' can't be established.
ECDSA key fingerprint is c0:81:1a:f4:58:b9:51:15:00:df:ee:71:c4:d9:fd:54.
Are you sure you want to continue connecting (yes/no)? yes
Warning: Permanently added '192.168.1.161' (ECDSA) to the list of known hosts.
Debian GNU/Linux 7

BeagleBoard.org BeagleBone Debian Image 2014-04-23
```

```
Support/FAQ: http://elinux.org/Beagleboard:BeagleBoneBlack_Debian
Last login: Fri Jul 18 15:06:44 2014 from mercury-win.local
root@beaglebone:#
```

正如所看到的，除了使用不同的IP地址，整个连接过程和之前是一样的。这个例子是在Linux下执行的，在Windows下的情况与之类似。

一些有趣的事情需要注意：如果此时运行ifconfig命令，会发现网络适配器usb0仍然存在。这是因为在操作系统中，我们没有改变任何设置，只是使用了不同的网络连接。USB连接选项保持在那里，我们可以随时通过USB接口连接到BeagleBone Black；当然，也可以在操作系统中禁止usb0这个适配器。后续章节会更加详细地介绍操作系统以及其他可以在BeagleBone Black上运行的操作系统。下一章将深入探讨一些对其他章节非常重要的基础电子知识。

第4章 硬件基础

本章是一份简短的电子学教程。如果你之前对电子学一无所知或知之甚少，那么在本章结束后会掌握最基本的电子学知识。通常情况下，仅仅介绍基础电子学知识就需要一整本教科书。如果你想深入钻研电子学，建议去阅读本领域的一些经典书籍。

本章需要一个BeagleBone Black开发板（版本C）。

4.1 电子基础知识：电压、电流、功率和电阻

在前一章中，首先通过USB连接线将BeagleBone Black连接到笔记本计算机，然后用额外的+5 V直流电源适配器为BeagleBone Black供电。笔记本计算机是如何通过USB接口给BeagleBone Black供电的呢？这很简单，因为这是USB协议的一部分。表4.1列出了采用USB供电时必须符合的电源规范。

表4.1　USB电源规范

规格参数	最大电流	最小电压	标准电压	最大电压	输出功率
USB 1.0	100mA	+4.75V	+5V	+5.25V	0.75W
USB 2.0	500mA	+4.75V	+5V	+5.25V	2.5W
USB 3.0	900mA	+4.75V	+5V	+5.25V	4.5W

表4.1包含了电子学的一个基本规律。你应该注意到电压、电流和功率的大小和范围在变化，而且随着电流的增加，输出的功率也增加。这是因为电压、电流和功率是相互关联的电子学计量单位。让我们看看表4.1中的单位在更深层次上意味着什么。

- 伏特——伏特是电势的计量单位。还记得基础物理么？有两种类型的能量：势能和动能。如果把物体放置在地板上，它的势能为零。如果把它捡起来并放置在离地面一定的高度（比如 1.5 m），那么它就获得了一定的势能。此时松开手，当它击中地面时就会释放势能并转化为动能。电势也是一个类似的概念，即有多少可用的能量。伏特用"V"来表示。

- 安培——安培或安，是表示电流流经导体的速度的计量单位。数值越高，意味着同一时间内有更多的电流通过。如果需要和电流打交道，那么请小心一点，请确定有足够的电流来完成想做的功。安培用"A"表示。这里需要注意的是，安培是电流的计量单位，但是电流本身用"I"表示。

- 瓦特——功率的计量单位。功率是能量转换或者使用的速度，用单位时间内的能量大小来衡量。功率用"P"表示，其单位瓦特用"W"表示。

这三者之间的关系可以用一个非常简单的公式来表示：

$$P = I \times V$$

这样重要的关系可以用如此简单的公式来表达，这个宇宙是不是非常神奇？当我们固定其中一个时，另外两者的变化非常简单。体现这三者关系最好的方式是如图 4.1 所示的三角关系图。

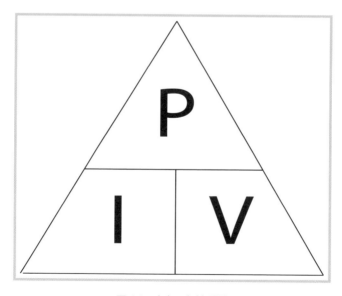

图 4.1　功率三角关系图

这个三角关系图的使用方法非常简单。如要计算功率，只需要将电流乘以电压；如果已知功率和电压，需要计算电流，那么只需将功率除以电压；如何计算电压呢？只要用功率除以电流即可。这种方法真是简单至极！

你在日常工作和生活中会注意到这种关系。比如当使用吸尘器的时候，你会发现房间里面的灯光会变暗。这是因为吸尘器需要消耗大量的功率。我们知道家庭电网的电压虽然会有一点点的波动空间，但总体来讲是固定的。吸尘器工作时会消耗一定的功率，因此还剩哪个变量可以被改变呢？对，就是电流！吸尘器需要电流来工作，所以流经电灯的电流将减少。因为流经电灯的电流减少，而电压恒定，那么这意味着什么在减少？对，就是功率！电灯消耗的功率减小，灯光便会变暗！如果此时需要使用另一个吸尘器，而且它的使用会要求电路增加额外 15 A 的电流，那么会发生什么后果？需要更换一个新的保险丝或者急拉断路开关。

BeagleBone Black 实际工作时需要多大的功率？表 4.2 列举了 BeagleBone Black 在不同工作状态下的参考功率消耗。这些数据高度依赖于 BeagleBone Black 连接了哪些硬件和正在处理哪些任务。我们知道 BeagleBone Black 的工作电压为 +5V，而它的系统手册也提供了参考电流。通过电压、电流和功率之间的关系，可以计算出相应的功率消耗。表 4.2 的结果是针对 BeagleBone Black 版本 C 的。其他不同的型号和版本会有稍许不同。

表 4.2　BeagleBone Black 功率规格说明

模式	电流（mA）	功率（W）
系统引导	210	1.05
内核启动	460	2.3
内核空闲	350	1.75
浏览网页	430	2.15

流经电路的能量是其做功的推动力，这就引入了另外一个重要的概念——电阻。将物体放置在流体中，流体流经此物时速度便会慢下来。就像一条河上没有水车，河水便可以流得更快；马没有拉货便可以跑得更快。那么如何测量电阻呢？我们知道功率、电流和电压之间的关系，并且功率代表做功的度量。电阻也遵循着这种简单的方程，即可用简单的关系图表示，如图 4.2 所示。电阻的计量单位是欧姆，用希腊字母 Ω 表示。

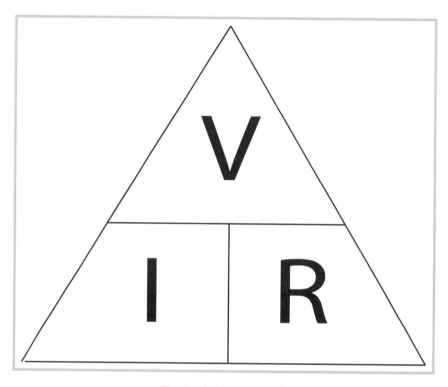

图4.2　电阻的三角关系图

读者可以像使用功率三角关系图一样使用电阻三角关系图。

$$R = \frac{V}{I}$$

$$I = \frac{V}{R}$$

$$V = I \times R$$

现在，我们知道电压和电流均包含在功率公式和电阻公式中，因此肯定有一种方法将它们全部联系起来，它们一定是相互关联的！图4.3是对这几者之间的关系的经典总结。

它们之间的关系可以很明显地通过这张图看出来。从其他参数的组合中找到剩余一个参数的计算方法是及其容易的。整个图4.3可分为4个象限。左上为计算功率的各种公式；右上为电压；右下为电阻；左下为电流。

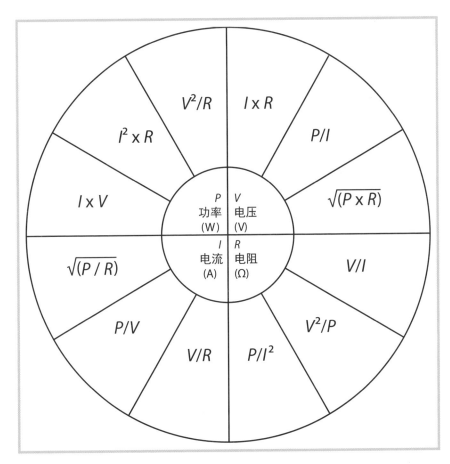

图4.3　电力有关参数的相互关系图

4.2 短路

这是一个非常重要的概念。许多新手经常使用这个术语但并没有很好地理解它的确切含义。4.1节中讨论的方程均涉及功率和电阻：功率是电流在单位时间内做功的大小；而电阻则是对电流做功起到阻碍作用。如果直接将电源两极相连而中间不经过任何用电器，那么将会发生什么？电路将会短路！

那么，从之前介绍的公式来看，短路是什么？这时最好的方法是测量其功率或者电流。表4.1说明USB可以供电。USB可以提供+5 V左右的输出电压，USB 2.0可提供高达500mA的电流。如果USB没有连接任何用电器而直接接地，那么将产生短路。让我们来计算一下此时将使用需要多大的功率。

我们知道

$$V = 5\text{V}$$

并且电路的阻值为 0，即

$$R = 0\Omega$$

在已知电压和电阻的情况下，功率的计算公式为：

$$P = \frac{V^2}{R}$$

代入已知的值，可以得到

$$P = \frac{V^2}{R} = \frac{5^2}{0} = \frac{25V}{0\Omega} = ???W$$

因此，要计算的功率值为 5² 除以 0。你应该知道任何数字除以 0 会发生什么？这在数学中是没有定义的，计算器会提示错误。

$$I = \frac{V}{R} = \frac{5\text{V}}{0\Omega} = ???\text{A}$$

公式中除以 0 的情况依然存在。回到现实并用心思考，会发现电阻实际上不会为 0。必须用有长度的导线来连接电路，即使是非常小的一段导线。所有的电导体都有一定的阻力，虽然大多数情况下阻力很小。

如果用这个微小数值来代替 0 会怎样？当用万用表来测量一小段导线的电阻时，显示的结果是 1.2Ω；但只测量校准电路时，测得的电阻值也是 1.2 Ω，如图 4.4 所示。这是因为我使用的万用表没有那么精确，因为那一小段导线的电阻值不为 0。从其他渠道获得的信息可知这样长度的导线的电阻值不会超过 0.09 Ω。这值虽然很小，但也应该在上述的公式中使用它。所以将得到如下的计算结果：

$$P = \frac{V^2}{R} = \frac{5^2\text{V}}{0.09\Omega} = \frac{25V}{0.09\Omega} \approx 278\text{W}$$

参考表 4.1 中提供的值，发现 278 W 远远高出 USB 标准中规定的 2.5 W。那么此时电路中的电流是多少呢？

$$I = \frac{V}{R} = \frac{5\text{V}}{0.09\Omega} \approx 55.5\text{A}$$

图 4.4　测量一英寸导线的电阻值

家用电网提供的最大电流一般在 200 A 以下。所以上述计算出来的电流约为最大允许电流的 1/4。在短路状态下，电路中的电势能会迅速地转化为动能。这个过程不会停止，除非它被强制终止，如通过保险丝、电路开关或熔断器件等。所以当要做的事情接近在数学领域没有被定义时，奇怪的事情便会发生。所以需要避免电路短路，读者现在应该明白我的意思。

4.2.1　电阻

最基本的控制电流和增加阻抗的方法是什么？使用电阻。电阻在电路起到的作用很简单，但它被普遍使用，并具有各种形状和各种各样的阻值。电路中的电阻就像是减速带，使用电阻的成本是消耗了本来用于做功的能量，这些能量会通过电阻转化为热能。而获得的好处是可以控制电路中电流的大小及经过某个元器件的电压。这是控制电路的第一步！

在美国的标准中，电阻在电路原理图中用一个波浪线表示。在欧盟的标准中，电阻通过一个空矩形框表示。图 4.5 给出了一个真实的电阻和一个电阻符号。本书均采用美国的标准，也是国际推荐的图形符号。

辨识电阻的阻值很容易，当然最简单直接的方法是读取包装上的数据。电阻的外面包裹着色环，这些色环标示了电阻的阻值。表 4.3 介绍了通过色环读取电阻值的方法。

下面是对表 4.3 和电阻阻值约定的解读。首先，一般电阻上有 4 个环，有时也有5 个环。这些环是军事领域对元器件的规格约定，标示元器件的可靠性。如果想了解更多的信息，请参考美国国防部的《电阻选型及使用》手册[1]。本书不需要

---

[1]　即《Resistors, Selection and Use Of》(MIL-HDBK-199)。

这么严格的要求。

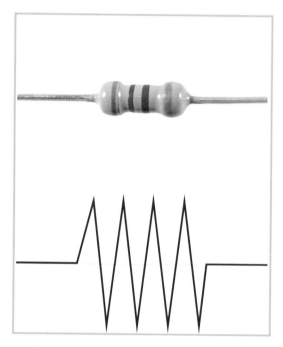

图4.5   真实的电阻及电路原理图中的电阻符号

表4.3   电阻的色环表示

颜色	色环A	色环B	色环C（倍数）	色环D（误差）
黑色	0	0	1	
棕色	1	1	10	± 1.00%
红色	2	2	100	± 2.00%
橙色	3	3	1000	
黄色	4	4	10000	
绿色	5	5	100000	± 0.50%
蓝色	6	6	1000000	± 0.25%

续表

颜色	色环A	色环B	色环C（倍数）	色环D（误差）
紫色	7	7	10000000	± 0.10%
灰色	8	8		± 0.05%
白色	9	9		
金色			0.1	± 5.00%
银色			0.01	± 10.00%

其次，大多数电阻会有金色或银色的误差色环，其代表的误差分别为 ±5% 和 ±10%。一般来说，没有必要追求在电路中使用误差很小的电阻，本书也不会要求使用精度很高的电阻。

可以通过图4.6中的示例来学习如何读取电阻的阻值。

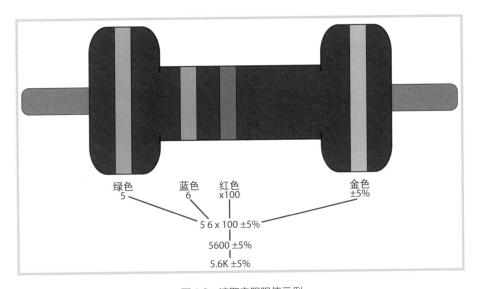

图4.6 读取电阻阻值示例

应该从电阻的哪一端开始读取色环？从表4.3中可以看到，金色和银色不会用在第一个色环。所以当读取阻值时，金色或银色色环应该在最右侧。对于前两个色环的数字，可将它们拼接在一起，如图4.6所示，前两个色环分别是绿色和蓝色，所以它们代表5和6。第三个色环是红色，表示×100。这意味着要用56乘以100，结果为5600，即阻值是5600Ω，或者是更普通的写法：5.6 kΩ。最后来看看此电阻的误差。电阻最右的色环是金色，即它的阻值误差为±5%。这意味着电阻的阻值在5.6 kΩ的95%～105%范围内，即5320～5 880Ω。这个值看起来波动很大，但其实它的精度对一般的项目来说已经足够了。本书用到的电阻的阻值误差基本上都是±5%。

4.2.2　二极管和LED

二极管可以控制电流的流动方向，这在控制电流流向的时候非常重要，否则错误的电流流向可能会烧坏一部分电路。使用二极管的电路要稍微复杂些。二极管被设计成当加载其两端的电压超过一定的门阀时，二极管将导通电流。本书将经常使用的二极管称为发光二极管（Light-Emitting Diode，LED）。这是一个描述性而不是创造性的命名。还记得我们在第3章"入门"中通过BeagleBone Black控制灯的亮和灭么？那里使用的就是LED。当在LED的两端加载恰当的电压时，它就会发光。图4.7给出了电路原理图中的LED符号以及一个真实的LED。

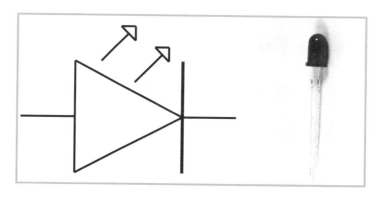

图4.7　LED以及它在电路原理图中的标识符号

LED往往有一个最佳的工作电流，所以要确保电路中流经LED的电流接近于这个最佳工作电流，否则长时间的使用会对LED造成损害。那么如何控制流经LED的电流？就是使用电阻！不过首先要知道合适的电阻阻值。这个值可以用图4.2所示的电阻三角关系计算出来，但请注意添加到电路中的LED会改变电路的电压，计算的时候需要把这个考虑进去。除此之外，整个计算过程与之前的例子类似！

$$R = \frac{V}{I} = \frac{V_{\text{sup}} - V_{\text{LED}}}{I_{\text{LED}}}$$

很简单！假设正在使用的 LED 有 2V 的压降，且支持的最大工作电流为 30mA。再假设用 BeagleBone Black 的某个 GPIO 口来驱动 LED，即输出电压为 3.3V。这时会遇到一个问题：BeagleBone Black 上的 GPIO 口可以提供稳定的 3.3V 电压，但是它只能输出 4mA 的电流。这造成了现阶段的一个限制。在后续的章节中会介绍通过一个叫做三极管的电子器件来将电流增加到 4mA 以上。这种方法给予了 BeagleBone Black 提供额外高功率的能力。

将上述所有值代入上面的方程中，会计算出需要的电阻值：

$$R = \frac{V}{I} = \frac{V_{\text{sup}} - V_{\text{LED}}}{I_{\text{LED}}} = \frac{3.3V - 2.0V}{4mA} = \frac{1.3V}{0.004A} = 325\Omega$$

此时请思考一下：还记得那些误差值 ± 么？LED 的压降是与其颜色相关的。红色的 LED 有低至 1.8V 的压降，而白色的 LED 有高至 2.4V 的压降；另外，电阻也有 ±5% 的误差。这些均带来不确定性。如果使用红色的 LED，那么需要多大的电阻值？计算结果如下：

$$R = \frac{V}{I} = \frac{V_{\text{sup}} - V_{\text{LED}}}{I_{\text{LED}}} = \frac{3.3V - 1.8V}{4mA} = \frac{1.5V}{0.004A} = 375\Omega$$

使用白色的 LED 呢？计算过程是类似的：

$$R = \frac{V}{I} = \frac{V_{\text{sup}} - V_{\text{LED}}}{I_{\text{LED}}} = \frac{3.3V - 2.4V}{4mA} = \frac{0.9V}{0.004A} = 225\Omega$$

很明显，为了安全，应该选择阻值更高的电阻。如果选择阻值更低的电阻且更换不同颜色 LED 的时候不重新计算需要的电阻值，那将造成流过 GPIO 的电流过大。而且请记住，使用的电阻有 ±5% 的误差，这意味着其阻值可能低至 356Ω。这也带来烧坏 GPIO 的风险。所以即使在考虑误差范围时，也要保证所选择的电阻值不会给 GPIO 带来风险。此外，也要防止有人不小心使用 ±10% 的电阻。所以选择的阻值应该高于下面计算的结果：

$$R = 375\Omega \times (1 + 10\%) = 412.5\Omega$$

我的库存中没有阻值为 412.5Ω 的电阻，为此我选择了 470Ω 的电阻。

4.2.3 搭建LED电路

下面继续深入来搭建电路！假设用BeagleBone Black模拟这种场景：在十字路口的两个交叉方向上分别放置一个红色LED，并使它们交替亮起！在这个模拟场景中，可将两个LED放置于面包板，然后将它们连到BeagleBone Black。面包板可用来临时添加组件到电路中并测试其性能。图4.8展示了一个面包板。

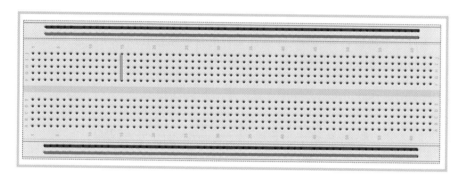

图4.8　面包板

这是一个典型的面包板，虽然也会经常看到长度是其一半的面包板。红色的两条线用来连接电源，黑色的则用来接地！这里所说的地并不是指实际的地板，而是指是电流的最终流向。更加通俗地讲，指的是电路中的0V基准电压。如果使用的电源是电池，接地通常指接电池的负极。

面包板每条红色线上的点均已连通，这意味着可以将电源接到红色线上的任意一点。对于接地也是一样。面包板一侧的电源行（红色）和接地行（黑色）彼此并没有连接到一起。

图4.8中的绿色线标出了面包板的一个竖行。面包板一侧的每个竖行上的点均连接到了一起。例如，第15竖行的J点到F点已连接起来，但F点并没有和另一侧的A点到E点连接上。

在第7章我们将详细介绍面包板的知识及探讨更加复杂的电路搭建实验。

设计电路的第一步是绘制电路原理图！这个例子类似于第3章中介绍过的，不过本例使用两个GPIO端口，而不只是USR1。与之前一样，本例需要使用GPIO的接地端口，即0V基准参考电压。选择使用P9-12和P9-15两个GPIO端口，即GPIO1_28和GPIO1_16。这些端口会在程序中会被设置为高或低。基于这些可以绘制类似图4.9所示的电路原理图。

电路图的右侧是两个接入点。这些会连接到之前选择的 BeagleBone Black 的两个
GPIO 端口，即 P9-12 和 P9-15。正如之前讨论的，电流会从这两个 GPIO 端口流
到 470Ω 的电阻，然后流过 LED。这里需要注意的是，LED 是对极性敏感的，而
电阻则不然。这意味着电阻在电路中的摆放方向并不重要，但 LED 需要将一端
连接到较高的电压，而另一端接地。LED 的引脚为一长一短，长的是正极，需要
连接到电压较高的那一端；短的则为负极，需要到连接电压较低的那端，或者
接地。此外，在搭建电路的时候，可以选择使用任意的竖行，而不需要和图 4.10
中的一模一样。记住，面包板的每个竖行的功能都一样。

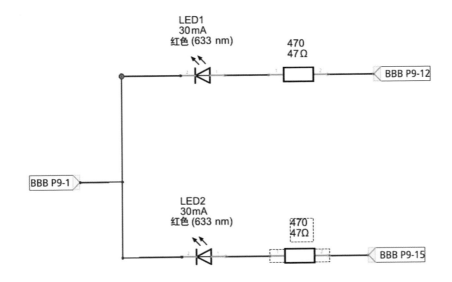

图 4.9　BeagleBone Black 连接两个 LED 的基本电路原理图

电路图中还用到 BeagleBone Black 的另外一个 GPIO 口，即 P9-1。这是
BeagleBone Black 上的接地点。程序中并没有出现对这个端口的配置，它是
BeagleBone Black 开发板和 LED 控制电路的公共接地。

了解这个电路原理图后就可以回到电路的搭建上来。搭建电路时会使用名叫跳
线的导线在面包板上连接各种元器件。在面包板上搭建好的电路如图 4.10 所示。

只搭建完电路是不会看到 LED 有任何状态改变的。我们通过编写程序来控制
GPIO 口来改变 LED 的状态。清单 4.1 所示的源代码将以我们期待的方式来控制
电路。

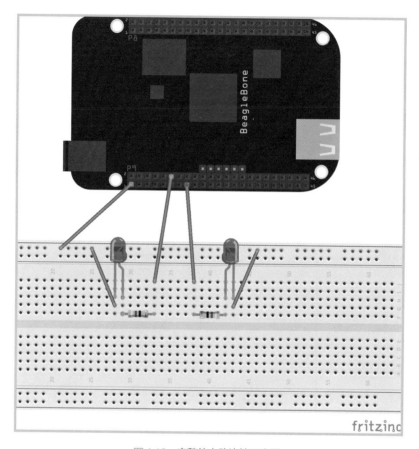

图4.10 完整的电路连接示意图

清单4.1 Circuit Operation

```
1.  /*
2.  * rr_crossing_blinkers.js - BoneScript File to blink LEDs attached to
3.  *                           GPIO P9_12 and P9_15.
4.  *
5.  * Example script for "The BeagleBone Black Primer"
6.  *
7.  */
8.  var bbb = require('bonescript'); // Declare a bbb variable, board h/w object
9.  var state1 = bbb.LOW; // Declare a variable to represent GPIO P9_12 state
10. var state2 = bbb.LOW; // Declare a variable to represent GPIO P9_15 state
11.
12.
```

```
13. bbb.pinMode("P9_12", bbb.OUTPUT); // Set the GPIO P9_12 control to output
14. bbb.pinMode("P9_15", bbb.OUTPUT); // Set the GPIO P9_15 control to output
15. setInterval(blink, 1000); // Alternate blinking LEDs every 1 second
16.
17. /*
18. * Function - blink
19. *
20. * Toggle the value of the state variable between high and low when called.
21. */
22. function blink() {
23.    if(state1 == bbb.LOW) {    // If P9_12 is LOW...
24.       state1 = bbb.HIGH;    // ... set P9_12 to HIGH
25.       state2 = bbb.LOW;     // ... set P9_15 to LOW
26.    } else {               // Otherwise...
27.       state1 = bbb.LOW;     // ... set P9_12 to LOW
28.       state2 = bbb.HIGH;    // ... set P9_12 to HIGH
29.    }
30.
31.    bbb.digitalWrite("P9_12", state1); // Update the GPIO P9_12 state
32.    bbb.digitalWrite("P9_15", state2); // Update the GPIO P9_15 state
33. }
```

读者会对这些代码很熟悉，因为它基于清单3.1中控制LED闪烁的代码。不同之处在于，本例中需要控制两个GPIO口并跟踪记录这些接口的状态。这两个状态分别在第9和10行代码中声明。可以任意命名这两个变量，但应该保持命名的一致。为了维持良好的编程习惯和出于优化的目的，我会对这些代码做些改变，但目前只需保证代码能完成我们想要的功能即可。第5章会介绍更多的编程标准和风格。

现在可以将这些代码复制到Cloud9 IDE并执行代码，就像在第3章的一样。如果电路连接正确，现在应该会看到两个LED交替闪烁。成功！图4.11显示了搭建的实际电路。

两个LED看上去是瞬间切换的，不是么？作为第5章的前导，这里不妨先看看代码的31行和32行：

```
31.    bbb.digitalWrite("P9_12", state1); // Update the GPIO P9_12 state
32.    bbb.digitalWrite("P9_15", state2); // Update the GPIO P9_15 state
```

图4.11   搭建的实际电路，它如预期一样工作

这两行代码用来修改GPIO接口的状态。对我们的眼睛来说，这两个动作像是同时发生的，但我们知道在同一时间只能执行一行代码。这时候就需要用到示波器了。示波器是一个经典的电路调试工具，它会以简单的方式为我们展示电特性随时间变化的曲线图。在本例中，让我们查看随时间变化的两个GPIO口的电压。图4.12显示了电压变化的缩小图。

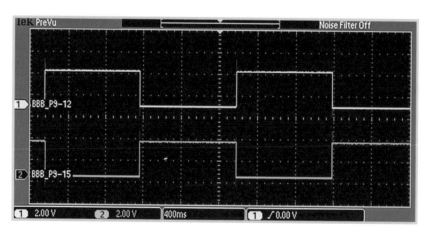

图4.12   示波器捕获到的电路中的电压变化

正如所看到的，一切都如期望中那样进行着。当P9-12接口的电压升高时，P9-15接口的电压降低；反之亦然。这两个事件看起来是同步发生的。

为什么不把这张图放大呢？在图4.12中，每两个垂直虚线之间的间距（即每格）代表400 ms。这是正确的，即每2.5格为1s，也就是在setInterval()中设定的时间。但把图放大到每格1ms后会发生什么？

正如读者从图4.13中看到的，这两个事件并不是同步发生的，它们相差的时间大约为1ms。这让我们意识到事件的发生并没有想象中那么快。

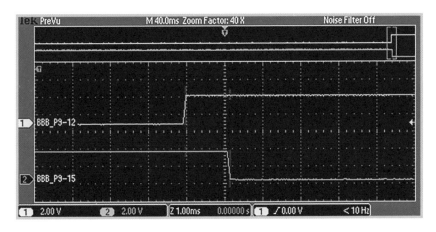

图4.13　放大后的电压变化图

还有更快的方法来执行这个代码吗？下一章将讨论稍微优化之后的程序并介绍其他编程语言。我们也将仔细地研究代码的运行速度。

5

第5章 进一步探索

到目前为止，我们已经编写了两个基本程序：在互联网上可以找到与第一个程序类似的例子，即控制BeagleBone Black自带的发光二级管（Light Emitting Diode，LED）闪烁；另一个程序介绍了如何搭建和控制使得两个LED交替闪烁的电路。在前一章的结尾，我们发现两个LED交替闪烁的时间间隔为1ms。

读者已经知道BeagleBone Black上决定CPU运行速度的时钟为1GHz，即每秒10亿个周期。这意味每个周期的间隔为十亿分之一，即0.000001 ms。

本章将介绍在这些上百万周期背后发生的事情，如何使得我们编写的程序更加有效，以及如何保证自己编写的代码对任何即将阅读这些代码的人来说可读性都比较强。本章也将介绍其他编程语言。

5.1 直译代码

之前已经稍微介绍了机器码。机器码构成了控制处理器如何运行的最低级指令。如果有两个机器级指令先后运行，并且每个指令消耗一个周期，那么这两个指令每个将消耗0.000001 ms，即总共消耗0.000002 ms。

我们编写的代码最终都会被转化为一系列的机器指令。这种转化有两种方式：直译代码和编译代码。大部分源代码中的每一行都需要转换成若干行机器码。

到目前为止，我们已经使用BoneScript编写了程序。BoneScript是JavaScript的一种版本，而且它是直译语言。直译语言是什么呢？最好的办法是通过逐步地实践来理解。

（1）编写一个程序并保存到文件中（我们已经做过两次了）。

（2）单击Cloud9集成开发环境（IDE）中的运行按钮，解释器会自动运行读者的程序并启动调试。

（3）解释器通过程序中的内容判断如何处理其包含的代码。它忽略代码中包含的所有注释和空白行。这些注释和空白行是为了让大家更容易地阅读及更好地理解代码。在这个阶段，清单4.1中的代码对于解释器来说，就如同清单5.1所示的那样。

清单5.1　blink.js

```
1.  var bbb = require('bonescript');
2.  var state1 = bbb.LOW;
3.  var state2 = bbb.LOW;
4.  bbb.pinMode("P9_12", bbb.OUTPUT);
5.  bbb.pinMode("P9_15", bbb.OUTPUT);
6.  setInterval(blink, 1000);
7.  function blink() {
8.    if(state1 == bbb.LOW){
9.      state1 = bbb.HIGH;
10.     state2 = bbb.LOW;
11.   } else {
12.     state1 = bbb.LOW;
13.     state2 = bbb.HIGH;
14.   }
15.   bbb.digitalWrite("P9_12", state1);
16.   bbb.digitalWrite("P9_15", state2);
17. }
```

由于我们已经了解这些代码，所以现在很清楚它的作用是什么。对于第一次接触此代码的人来说，理解起来并没有那么容易。虽然这些代码的可读性并不差，但仍需要时间来理解。

（4）解释器开始执行代码，在这个过程中会通过函数require()来调用外部库中的代码。解释器在开始执行调用链接的时候，会决定代码的执行顺序。每一行代码在运行的过程中会被转换为多行机器码来执行。

像脚本一样，解释器也在同一个处理器上运行，并将每一行源代码转换为相同功能的机器码，然后再执行这些机器码。现在我们开始深入了解为什么执行一行代码可能会需要100万个时钟周期。另外需要考虑的是程序目前是在Cloud9

IDE调试器的内部运行。这意味着解释器和调试器之间需要通过代码来交流当前的运行位置，当然这期间还有其他很多占据时钟周期的任务发生。

代码在同时运行很多其他程序的环境中被执行。比如，BeagleBone Black的Web服务器在运行。读者已经知道可以通过Secure Shell（SSH）连接到BeagleBone Black，这说明SSH服务器也正在运行。这些仅仅是正在运行的程序中的几个。我曾用Linux命令行命令列出当前所有正在运行的程序，发现除了我们编写的程序，BeagleBone Black上还有其他107个程序正在运行。这是数量非常多的程序，而我们的程序必须和这些程序共享BeagleBone Black的资源。参与运行BoneScript的还包含几个位于不同层次的程序，并不是简单的只有直译语言。

提高程序运行速度的一个方法是在BeagleBone Black的命令行中直接运行它，这样就不会引入因使用BoneScript而带来的额外开销。或者通过Python语言来稍微提高一点程序的运行效率。

5.1.1 Python——在直译语言上更近一步

Python是另一种不同的编程语言，但它仍然属于直译语言。我们不能够把用BoneScript编写的代码直接放在Python的解释器并期望其运行。不同的编程语言具有不同的语法和处理事情的方式。

下面让回到命令行中来安装一些对BeagleBone Black有用的Python工具。这些工具由Adafruit提供。现在请通过SSH登录到BeagleBone Black。登录后，需要花费一点时间来增加Python的功能。在本书接下来的章节中，都会使用Python，所以现在把它配置好是非常明智的选择。

首先，请确保BeagleBone Black上的时钟已经同步。这可以通过一个名叫网络时间协议（Network Time Protocol，NTP）的工具来实现。在终端中执行以下命令：

```
root@beaglebone:~# ntpdate pool.ntp.org
```

这条命令告诉操作系统与服务器pool.ntp.org建立通信，获取当前时间并更新BeagleBone Black开发板上的时间，这个命令需要花费一些时间来完成。当它返回时，读者可以看到类似以下的输出：

```
10 Aug 18:40:04 ntpdate[1990]: adjust time server 50.7.0.147 offset -0.096855 sec
```

返回的结果告诉我们上述命令执行的时间、所连接的特定时间服务器的IP地址、以及 BeagleBone Black 上的时间需要被调整多少。在这个例子中，命令的执行时间大约为 96ms，但是需要调整的时间间隔非常长，将以年为单位来计算。为什么要更新时钟呢？我们将通过 Web 来同步一些库，所以需要确保 BeagleBone Black 上的时间是准确的。

下一步需要做的事情是确保所有的软件都是最新版本的。要做到这一点，读者需要用到在 Debian 发行版中非常普遍的被称为 apt-get 的命令。这个命令让更新系统或者软件变得非常容易。读者需要做的第一件事情是更新软件库列表。

```
root@beaglebone:~# apt-get update
```

接下来会看到屏幕上显示很多行滚动的内容，这是 apt 在检索软件仓库中已经被更新的软件清单。读者可以借此机会来保证 BeagleBone Black 上安装的软件是最新版本。完成升级的命令是在 apt-get 命令后加上一个关键字：

```
root@beaglebone:~# apt-get upgrade
```

在这种情况下，升级并不会瞬间完成，因为它有长长的升级清单。输入 "yes" 后开始升级。

```
Reading package lists... Done
Building dependency tree
Reading state information... Done
The following packages will be upgraded:
 acpi-support-base apache2 apache2-mpm-worker apache2-utils
 apache2.2-bin apache2.2-common apt apt-utils base-files beaglebone
 dbus dbus-x11 dpkg dpkg-dev gnupg gpgv libapt-inst1.5 libapt-pkg4.12
 libavcodec-dev libavcodec53 libavformat-dev libavformat53
 libavutil-dev libavutil51 libc-bin libc-dev-bin libc6:armel libc6
 libc6-dev libcups2 libdbus-1-3 libdbus-1-dev libdpkg-perl
 libgnutls26 libgssapi-krb5-2 libjpeg-progs libjpeg8 libjpeg8-dev
 libk5crypto3 libkrb5-3 libkrb5support0 liblcms2-2 libnspr4 libnss3
 libsmbclient libsoup-gnome2.4-1 libsoup2.4-1 libssl-dev libssl-doc
 libssl1.0.0 libswscale-dev libswscale2 libwbclient0 libxfont1
 libxml2 libxml2-dev libxml2-utils linux-libc-dev locales
 multiarch-support openssh-client openssh-server openssl tzdata
 64 upgraded, 0 newly installed, 0 to remove and 0 not upgraded.
 Need to get 49.1 MB of archives.
 After this operation, 183 kB disk space will be freed.
 Do you want to continue [Y/n]? Y
```

整个过程会持续几分钟。可以借此放松一下，比如喝杯咖啡。这是一个很好用的命令，可以通过它来保证系统安装的软件都是最新版本。每次通过apt-get给BeagleBone Black安装新软件的时候，我都会顺便运行apt-get update和apt-get upgrade这两个命令。读者也可以通过apt-get来删除软件或者执行其他一些维护操作。如果读者忘记如何使用apt-get，那么可以随时参考Ubuntu的官方文档：http://help.ubuntu.com/community/AptGet/Howto。这是一份写得非常好的文档。

现在软件已经更新到最新版本了，接下来继续安装Python解释器和其他一些基本组件。运行下面的命令来增加依赖库。

```
root@beaglebone:~# apt-get install build-essential python-dev \
python-setuptools python-pip python-smbus-y

Reading package lists... Done
Building dependency tree
Reading state information... Done
build-essential is already the newest version.
python-setuptools is already the newest version.
python-pip is already the newest version.
The following NEW packages will be installed:
 python-dev python-smbus
0 upgraded, 2 newly installed, 0 to remove and 0 not upgraded.
Need to get 12.1 kB of archives.
After this operation, 116 kB of additional disk space will be used.
Get:1 http://ftp.us.debian.org/debian/ wheezy/main python-dev all \
2.7.3-4+deb7u1 [920 B]
Get:2 http://ftp.us.debian.org/debian/ wheezy/main python-smbus \
armhf 3.1.0-2 [11.2 kB]
Fetched 12.1 kB in 0s (83.9 kB/s)
Selecting previously unselected package python-dev.
(Reading database ... 59261 files and directories currently installed.)
Unpacking python-dev (from .../python-dev_2.7.3-4+deb7u1_all.deb) ...
Selecting previously unselected package python-smbus.
Unpacking python-smbus (from .../python-smbus_3.1.0-2_armhf.deb) ...
Setting up python-dev (2.7.3-4+deb7u1) ...
Setting up python-smbus (3.1.0-2) ...
```

在返回的运行结果中，命令会检查并发现一些已经被安装和更新到最新版本的软件。这些软件在本次安装的过程中会被忽略。这次唯一需要安装的软件包是python-dev和python-smbus。在这两个软件包安装完之后，就可以继续给BeagleBone Black安装Adafruit的库。在命令行中，需要运行命令pip。这个命令和apt-get类似，不同之处在于pip专门从某个软件仓库中获取Python软件包。在这里，pip发现库已经被安装，这样它就不需要再做什么什么了！

```
root@beaglebone:~# sudo pip install Adafruit_BBIO
Requirement already satisfied (use --upgrade to upgrade):
Adafruit-BBIO in /usr/local/lib/python2.7/dist-packages
Cleaning up...
```

正如所看到的，pip建议通过--upgrade来升级库。它的执行过程如下：

```
root@beaglebone:~# pip install --upgrade Adafruit_BBIO
```

这个命令会执行很多任务，读者可以再次放松下。整个执行过程会持续1~2分钟。最后会看到如下信息：

```
Successfully installed Adafruit-BBIO
Cleaning up...
```

为了使用Python编写开发这个项目，需要安装另外一个库twisted。该库提供了类似于BoneScript的定时选项，它包含了一个定时器，每隔一秒执行一次函数。

```
root@beaglebone:~# sudo pip install twisted
```

5.1.2　用Python实现LED闪烁

现在已经安装了Adafruit提供的最新的、用来控制BeagleBone Black GPIO端口的Python库。下面让Python编写让LED闪烁的代码，如清单5.2所示。首先，需要新建一个目录来存放代码。运行下面的命令来新建一个二级目录。

```
root@beaglebone:~# mkdir bbb-primer
root@beaglebone:~# cd bbb-primer
root@beaglebone:~/bbb-primer# mkdir chapter5
root@beaglebone:~/bbb-primer# cd chapter5
root@beaglebone:~/bbb-primer/chapter5#
```

mkdir命令在当前的目录下创建一个新的目录，cd命令用来切换到不同的目录下。在这个例子中，需要遵循以下步骤来操作。

（1）在当前用户（root）目录下创建一个新的目录bbb-primer。

（2）切换到新建的目录bbb-primer下。

（3）在目录bbb-primer中新建目录chapter5。

（4）切换到目录chapter5下。

现在需要编写源代码（参见清单5.2）。完成这个任务的途径有很多种，我个人最喜欢的是在另外的台式计算机或者笔记本计算机上编写代码，然后通过SSH命令将文件远程复制到BeagleBone Black中。我使用的软件是FileZilla，如图5.1所示，但请注意，其他很多不同的软件也可以完成上述任务。这样做是有好处的，因为在以后的学习过程中，你会看到我们会有很多的文件需要远程复制到BeagleBone Black中。这很简单，只需要选择要传输的文件并以root身份登录BeagleBone Black即可。

清单5.2　rr_crossing_blinkers.py

```
1.  """
2.  rr_crossing_blinkers.py - Python File to blink LEDs attached to
3.                            GPIO P9_12 and P9_15.
4.
5.  Example program for "The BeagleBone Black Primer"
6.  """
7.
8.  import Adafruit_BBIO.GPIO as bbb # Declare a bbb variable
9.  from twisted.internet import task, reactor
10.
11. state1 = bbb.LOW # Declare a var to represent GPIO P9_12 state
12. state2 = bbb.LOW # Declare a var to represent GPIO P9_15 state
13.
14. bbb.setup("P9_12", bbb.OUT) # Set GPIO P9_12 control to output
15. bbb.setup("P9_15", bbb.OUT) # Set GPIO P9_15 control to output
16.
17. def blink():
18.     """ Function - blink
19.     Toggle the state variables between high and low.
20.     """
21.     global state1
22.     global state2
```

```
23.
24.    if state1 is bbb.LOW:      # If P9_12 is LOW..
25.        tate1 = bbb.HIGH       # ... set P9_12 to HIGH
26.        state2 = bbb.LOW       # ... set P9_15 to LOW
27.    else:                      # Otherwise...
28.        state1 = bbb.LOW       # ... set P9_12 to LOW
29.        state2 = bbb.HIGH      # ... set P9_15 to HIGH
30.
31.    bbb.output("P9_12", state1)# Update the GPIO P9_12 state
32.    bbb.output("P9_15", state2)# Update the GPIO P9_15 state
33.
34. timer_call = task.LoopingCall(blink) # ...
35. timer_call.start(1)          # Alternate blinking LEDs
36. reactor.run()                # ...
```

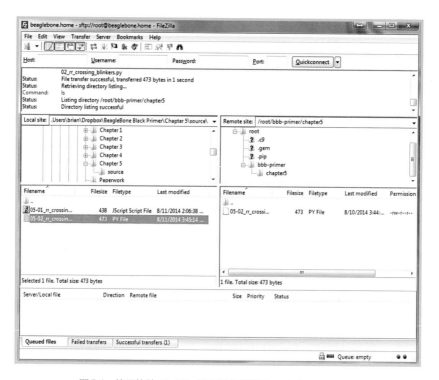

图5.1   使用软件FileZilla将文件传输到BeagleBone Black

正如所看到的，这份Python代码与之前的BoneScript代码十分相似。事实上，这份代码里面包含的所有注释，即包含在三重引号或者在"#"之后的部分，都是从BoneScript代码中复制过来的。这里使用了可以提供定时功能的外部库twisted，即之前通过pip安装的库。这个定时与BoneScript版本中的定时是类似的。

当一切准备就绪后，可以通过下面的命令来运行上述的Python代码：

```
root@beaglebone:~/bbb-primer/chapter5# python 05-02_rr_crossing_blinkers.py
```

程序开始运行后，会看到对应的LED闪烁，除此之外，没有任何信息输出。在程序运行的过程中，可以随时通过组合键"Ctrl+C"来停止程序。这个常见的组合键在命令行下可以停止任何正在运行的程序。Python脚本运行时可以看到LED闪烁。其闪烁的频率和在BoneScript代码的控制下是一样的。然而我们知道这和第4章最后的情况并不一样。现在LED闪烁时的过渡期是多长时间？图5.2所示为示波器的输出。正如所看到的，现在的过渡时间是0.5ms左右。这个速度比之前提高了一倍！这是因为Python更快吗？在这种情况下可能是，因为在Python语言并不需要额外运行调解器和Cloud9 IDE，从而降低了开销。这些额外的开销会给操作系统造成负担并导致所有的程序都运行得慢一些。然而，很多资料都说明JavaScript（BoneScript的底层语言）在不同的情况下或者不同的解释器下都比Python运行快得多。

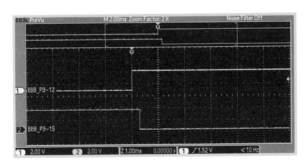

图5.2 对Python代码每隔1ms采样一次的示波器显示结果

有很多因素可以影响这类计算速度。如果把图5.2和运行BoneScript代码的图4.13进行比较，会发现Python代码运行速度明显更快。它告诉我们的是对于两个因素的观察：状态转化的速度有多快以及状态转化发生的一致性。既然我们已经知道操作系统同时还在运行其他的软件，那么同样的代码在运行的时候并不会有完全相同的定时间隔。深入理解这个的方法是使用示波器的持续显示特性。这个特性使得我们可以查看随着时间重复的测量结果。之前的示波器查看结果是通过设置示波器在P9-12从低转换为高的时候触发。当打开持续显示时，会看到所有的 P9-15 相对于 P9-12 的转变。图 5.3 显示了运行 BoneScript 版本的代码，并且把持续显示打开。图 5.4 则显示了 Python 版本的代码。

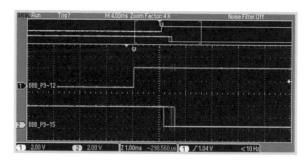

图5.3　BoneScript代码每隔1ms在示波器上的显示图形（打开了持续显示）

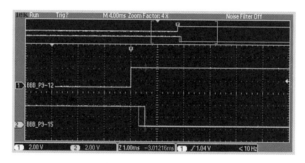

图5.4　Python代码每隔1ms在示波器上的显示图形（打开了持续显示）

这时就涉及控制器和基于操作系统的微处理器之间的经典差异。引入操作系统会带来大量的优势，但也同时失去了微控制器的确定性特性。如果想获得尽可能接近微控制器能够达到的控制状态转换的精度，则需要采用编译型语言。

5.2　编译代码

另一种不同类别的源代码是用编译语言编写的。这里请回忆关于直译语言，它们是在运行的时候才被转换为机器指令的。编译代码只需要被转换一次。其源代码被编译，即转换为机器指令；这个过程的结果是创建一个新的可执行文件。当程序运行时，就不会被再次转换了。前面生成的可执行文件将直接在硬件上运行，并像其他任务一样受到操作系统的调度。

许多语言可以被编译并在本地运行。我个人最喜欢的语言是通常用于软件开发和与硬件交互的 C 语言或它的继承者——C++。虽然 Python 已经被发明了 25 年,JavaScript 也大约存在了 20 年,但 C 语言程序的历史更加悠久,它已经存在了 45 年之久。在大多数微控制器和以硬件为中心的处理器中,C 或 C++ 编译器都是其开发环境中的一部分。

因此,BeagleBone Black 具有一个内置的编译器,它是 Linux 操作系统的一部分。这次,尽可能简单地用 C 语言来实现之前的程序。

首先,需要一个 C 语言库来实现与 BeagleBone Black 的 GPIO 口的交互。在编写本书时,我尝试了一些能找到的库来完成这个任务。在 Element14 上面我找到最喜欢的一个库(也是性能最好的),它是由一个用户名叫 shabaz 的人开发的。针对这个库的一些讨论可以在这个链接中找到:http://goo.gl/OgBHyO。这是一个非常基础的库,但是很适合我们当前的这个例子和演示。这个库的源代码(压缩为 zip 文件)可以在上述网页中找到。为了在 BeagleBone Black 中使用它,首先需要通过 apt-get 在 BeagleBone Black 中安装 unzip 解压缩软件。

```
root@beaglebone:~/bbb-primer/chapter5# apt-get update && apt-get upgrade
```

我们之前见过这些命令。它们用于查询已安装软件的最新版本信息并升级那些已经过期的软件包。

```
root@beaglebone:~/bbb-primer/chapter5# apt-get install unzip
```

这一步将安装 unzip 解压缩软件。下面需要下载库的源代码文件。

```
root@beaglebone:~/bbb-primer/chapter5# wget http://goo.gl/5fYRz1

--2014-12-20 21:08:05-- http://goo.gl/5fYRz1
Resolving www.element14.com (www.element14.com)... 23.11.217.225
Connecting to www.element14.com (www.element14.com)|23.11.217.225|:80
... connected.
HTTP request sent, awaiting response... 200 OK
Length: 5184 (5.1K) [application/zip]
Saving to: 'iofunc_v2.zip'

100%[====================================>] 5,184  --.-K/s in 0s

2014-12-20 21:08:05 (41.3 MB/s) - 'iofunc_v2.zip.1'saved [5184/5184]
```

有了库文件之后就可以将它解压缩到第 5 章的目录中了。

```
root@beaglebone:~/bbb-primer/chapter5# unzip iofunc_v2.zip

Archive: iofunc_v2.zip
 inflating: iofunc/iolib.c
 inflating: iofunc/iolib.h
 inflating: iofunc/libiofunc.a
 inflating: iofunc/Makefile
 inflating: iofunc/test_app.c
```

现在目录 chapter5 中会有一个新的 iofunc 文件夹。切换到该文件内并生成库。刚才下载的代码实际上是一个 C 语言库的源代码，需要编译它并将编译后的二进制文件复制到正确的参考目录下。这些文件会被其他程序调用，就像将要编写的、C 语言版本的控制 LED 闪烁的程序。

```
root@beaglebone:~/bbb-primer/chapter5# cd iofunc
root@beaglebone:~/bbb-primer/chapter5/iofunc# make clean
rm -rf *.o libiofunc.a test_app core *~
root@beaglebone:~/bbb-primer/chapter5/iofunc# make all
gcc -c -o iolib.o iolib.c
ar -rs libiofunc.a iolib.o
ar: creating libiofunc.a
gcc -c -o test_app.o test_app.c
gcc test_app.o -L. -liofunc -o test_app
```

这两个命令调用 iofunc 文件夹中的文件 Makefile 中的信息。这是一种特殊类型的文件，它定义了一系列的规则，用来指定如何编译和链接源代码文件来生成库。现在已经执行了这些功能，接下来需要将文件复制到正确的路径下，以便于编译器知道如何去调用这些库。

```
root@beaglebone:~/bbb-primer/chapter5/iofunc# cp libiofunc.a /usr/lib
root@beaglebone:~/bbb-primer/chapter5/iofunc# cp iolib.h /usr/include
```

现在已经有了与 BeagleBone Black 的硬件交互的库。下一步就要编写控制 LED 闪烁的 C 语言程序了。切换到上一个目录 chapter5，然后新建一个文件，并输入类似于清单 5.3 所示的代码。

清单 5.3　rr_crossing_blinkers.c

```
1.  /**
```

```
2.  * rr_crossing_blinkers.c - Python File to blink LEDs attached to
3.                              GPIO P9_12 and P9_15.
4.
5.  * Example program for "The BeagleBone Black Primer"
6.  */
7.
8.
9.  #include "iolib.h"
10.
11. #define PORT 9
12. #define PIN_A 12
13. #define PIN_B 15
14.
15. #define TRUE 1
16. #define FALSE 0
17.
18. int main() {
19.
20.    iolib_init();
21.    iolib_setdir(PORT, PIN_A, DIR_OUT); // Set GPIO P9_12 to out
22.    iolib_setdir(PORT, PIN_B, DIR_OUT); // Set GPIO P9_15 to out
23.
24.    pin_low(PORT, PIN_A);          // GPIO P9_12 to low/off
25.    pin_low(PORT, PIN_B);          // GPIO P9_15 to low/off
26.
27.    int state = FALSE;
28.
29.    while(TRUE) {
30.
31.    if (state) {                   // If  P9_12 is not high (is low)
32.        pin_low(PORT, PIN_A);   // ... set P9_12 to high
33.        pin_high(PORT, PIN_B);  // ... set P9_15 to low
34.
35.    } else {                       // Otherwise ...
36.        pin_high(PORT, PIN_A);  // ... set P9_12 to low
37.        pin_low(PORT, PIN_B);   // ... set P9_15 to high
38.    }
39.
40.    state = !state;
41.
```

```
42.    sleep(1);          // Run once every second
43.
44.    }
45.
46.    iolib_free();
47.    return(0);
48. }
```

这里我就不详细地解释这些代码了，因为我敢打赌你们已经很熟悉它们。有一点需要注意，即对 #define 的使用。它用来定义一个宏，即使用一个标识符来代替一个常量。在编译预处理时，编译器会将这些标识符替换成相应的常量。这里我将 BeagleBone Black 的引脚用标识符来代替，好处是当使用其他的引脚时，只需要修改标识符代替的常量，然后程序中出现标识符的地方就会自动做出相应地修改。

与之前的直译代码不同，这里无法简单地执行源代码。需要通过前面提到的编译来产生可执行的二进制文件。之前编译库时，只是简单地运行 Makefile 文件。对于这里编写的源代码文件，可以在命令行中编译它。请确保当前位于 C 源文件所在的目录，然后运行下面的命令：

```
gcc 05-03_rr_crossing_blinkers.c -liofunc -o blinker
```

这行代码执行结束后，不会观察到任何变化，这是好事。按下回车键后 BeagleBone Black 会停顿一会，然后给出命令提示符。在停顿的一瞬间，编译器完成了所有的编译工作并生成了一个二进制文件。来详细看看这行命令：最后一个参数是 -o blinker，它告诉编译器最后要生成一个名为 blinker 的二进制程序。现在需要运行这个 blinker 程序来控制 LED 闪烁。

```
root@beaglebone:~/bbb-primer/chapter5# ./blinker
```

这时应该会看到熟悉的 LED 闪烁。读者或许会问：为什么调用可执行文件时要在其前面加上 "./"？这是因为当前的工作目录还不是环境变量 PATH 的一部分。这里不会深入介绍所有的细节，你可以通过谷歌搜索获得非常详细的信息。

现在 LED 的闪烁是通过 C 语言编写的程序控制的，让我们再次通过示波器来看看其性能。图 5.5 显示了我们熟悉的间隔 1ms 的捕获图。

正如所看到的，转换的速度非常快，即每隔 1ms。这几乎察觉不出来。为了看清这里的差距，把图形放大到 4μs 每格，即每两个格子的间隔为 0.000004s。如图

5.6 所示，时间增量是微乎其微的，并没有太大的波动。

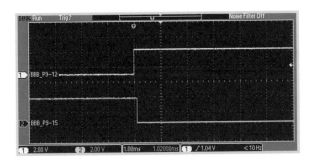

图5.5　C代码每隔1ms在示波器上的显示图形（打开了持续显示）

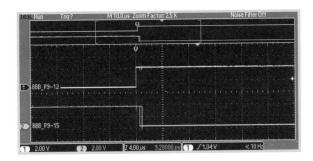

图5.6　C代码每隔4μs在示波器上的显示图形（打开了持续显示）

现在是提问"这些意味着什么"的好时机。这里有两个重要的地方需要读者注意：

- 编译代码比直译代码运行得更快、更精确。当对执行速度要求比较高，或者运算量比较大的时候，请使用编译语言。

- 直译语言用来做原型开发的时候特别快，也便于移植。从C++转换到Python对我来说是很难的，但是我同意使用Python做原型开发时的速度是非常快的。也可以使用BoneScript，但在后续的章节中将更多地使用BoneScript，这只是个人选择。总体而言，我不太喜欢JavaScript，但这也只是个人的喜好。

在后续的学习过程中，你会看到本书会结合使用编译语言和直译语言。编译语言可以用来分担一些操作，这在项目中是很基本的。下一章将继续介绍另一部分基础内容：更换BeagleBone Black的操作系统。

6

第6章　尝试其他操作系统

到目前为止，我们讲述的内容主要基于BeagleBone Black自带的默认操作系统（Operating System，OS）。然而，大量的其他操作系统已经被移植到BeagleBone Black。要明白什么是"移植"，首先需要回顾之前介绍的BeagleBone Black开发板上的CPU架构，即所采用的ARM架构。简单来说，移植就是把操作系统针对特定的CPU架构进行编译。本章将介绍一种主流的嵌入式操作系统和其他可用于BeagleBone Black的操作系统，以及将操作系统安装到BeagleBone Black上的步骤。

6.1　Linux历史：第1部分

目前为止，能够在BeagleBone Black上运行地最流行的操作系统是Linux。在本书写作时，BeagleBone Black自带的默认操作系统是Ubuntu Linux。读者也许已经听说过许多不同版本的Linux，即所谓的发行版。这些发行版是Linux操作系统的不同分支，但所有分支采用的核心都是Linux内核。通过对BeagleBone Black自带的Ubuntu Linux的介绍，读者可以了解到Ubuntu操作系统的一些常用术语，这些术语在其他的Linux发行版中也非常常见。

早期的计算机设计（如Charles Babbage设想的差分机、Colossus、ENIAC和UNIVAC）使得我们可以洞察计算机体系的发展历程。那时的计算机还不会被称为"桌面"计算机。一台计算机的体积曾经非常庞大，而人们却没法同时使用它。随着更多的人想使用计算机，人们不得不开发更加简单的计算机交互界面及同时允许多人使用计算机系统的方法。因此，操作系统应运而生。

早期的计算机和操作系统设计是神奇且值得去了解的。如果哪天读者来到了旧金山湾区，请到位于山景城的计算机历史博物馆参观一下。

早期的操作系统之一是Unix。Unix最初是由当时隶属AT＆T的贝尔实验室开发的。第一版Unix包含的很多内容都是当今操作系统的核心构成。早期Unix的版本针对特定的硬件并用汇编语言编写。用类似于C语言的高级语言来重新编写Unix的价值是显而易见的。C语言版本的Unix操作系统可以被编译并被移植到任何含有C编译器的平台上去。这与前面提到的移植操作系统到BeagleBone Black中是类似的。

Unix的发展一发不可收拾，很快就拥有了属于自己的一片天地。今天的许多操作系统都有Unix的影子。读者有或曾经用过苹果公司出品的运行OS X或者iOS操作系统的设备么？这些操作系统就是基于AT＆T的Unix开发的。当然，并非所有基于Unix的操作系统都是直接从Unix家族的操作系统中延伸出来的。

1991年，Linus Torvalds当时正在一个项目中自学英特尔的80386 CPU的架构。最开始他以一个类Unix的操作系统MINIX为蓝本。那时候他已经移植了bash终端环境和gcc编译器，并开始征求大家的意见和贡献。英特尔的80386 CPU有着很多简洁的功能，人们可以很容易地为其编写汇编代码。事实上，当今哈勃太空望远镜上装载的所有科学仪器运行的都是基于80386CPU的裸机码。

出于很多原因，当时人们急需一个自由和开放的类Unix操作系统。因此Torvalds设计的Linux很快在全世界发展成为最普遍的操作系统。当然大家都知道Windows和OS X，但还是有很多人愿意使用Linux作为桌面操作系统。除此之外，Linux还广泛用于服务器和嵌入式系统，甚至Android操作系统也是基于Linux开发的。

所有的Linux发行版都有一个共同的部分：Linux内核。内核是系统的心脏，它提供了操作系统所有的核心功能。在内核之外，每个发行版会提供不同的喜好和选项，这也构成了Linux不同发行版之间的区别。一些Linux发行版是面向桌面环境，而另一些则是面向用户极少登录到桌面环境的嵌入式设备。

当然，除了基于Unix或者类Unix的操作系统，还有其他操作系统，读者此时应该会想到Windows。现代的Windows操作系统可以追溯到一个叫做CP/M的操作系统时期，在那之后便是MS-DOS。

还有一款操作系统是我和一些朋友非常喜欢的。它叫做VMS，出于兼容的目的，现在仍被用在一些古老的机器上。这是一个有趣的操作系统，我很希望看到它被移植到BeagleBone Black上，也许仅仅是因为怀旧。

6.2 选择一个操作系统

在BeagleBone Black的世界里，我们需要使用已经移植到BeagleBone Black
开发板上的操作系统。读者可以在网站BeagleBoard.org上查询已经移植到
BeagleBone Black上的操作系统。在搜索项目的页面（见图6.1），如果读者勾选
了"distros"选项，那么网站就会列出所有已经移植到BeagleBone Black板子上
的操作系统。

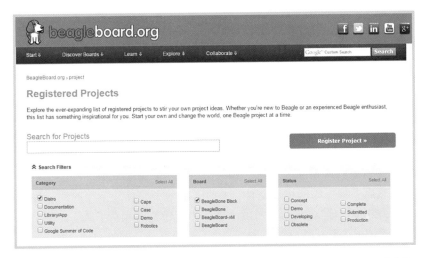

图6.1 在BeagleBoard.org的"Project"页面上搜索与BeagleBone Black兼容的
操作系统发行版

在本书写作时，共有30个与BeagleBone Black兼容的操作系统，其中只有4个
不是Linux/类Unix操作系统。这些操作系统中甚至还有一个嵌入式Windows操
作系统。

很多因素会影响读者选择使用何种操作系统。在本书的大部分章节中，使用
默认的Ubuntu发行版。但本章将向亲爱的读者介绍如何在BeagleBone Black
上安装一套其他的操作系统。自始至终只使用一个Linux发行版会很容易让人
感到厌烦的，更无聊的是在BeagleBone Black上使用Windows操作系统。相
反，让我们做一些有趣的事情，玩一些经典的超级任天堂（Super Nintendo
Entertainment System，SNES）游戏。一个已经移植到BeagleBone Black上的操
作系统是BeagleSNES(http://www.beaglesnes.org/)，这个发行版是专门为运行
SNES模拟器而设计的。现在我们已经选择想要安装的操作系统，接下来看看如
何将它安装到BeagleBone Black板子上。

6.3　加载 microSD 卡

现在我们已经选择了要安装的操作系统，接下来首先要做的是下载它的系统镜像（Image）。历史上，因为它是将操作系统中的所有文件复制成一个完整的、精确的二级制文件，因此通常被称为磁盘镜像（Disk Image）。向其他人分享自己想使用的操作系统的一个方法就是使用磁盘镜像。通过在磁盘中生成自己的操作系统的二进制文件，读者可以在其他硬件上在安装这个操作系统并启动它。（这里我给"磁盘"打上引号，是因为我们几乎永远也不会再用到那种盘状的存储介质了。老实说，我已经不记得最后一次安装软件是通过磁盘，而不是直接在网上下载或者从 U 盘复制过来的）。

BeagleBone Black 配备了一个 microSD 卡插槽。将 microSD 卡插入到这个插槽就可以将其当作系统盘使用。BeagleBone Black 上的 eMMC 是默认存储操作系统的地方。对于镜像的存储位置和如何启动系统我们有不同的方法，但它们都需要先将磁盘镜像复制到 microSD 卡上。

BeagleSNES 网站有个链接是指向 "BeagleSNES microSD card image" 的。单击此链接，然后下载压缩的镜像文件。整个下载过程将持续一段时间，这取决于网速，因为这个镜像文件有几个 GB 大小。当镜像文件完全下载完之后，你可以用自己喜欢的解压缩软件将其解压。我个人的喜好是：在 Windows 下使用 7-Zip；在 OS X 中使用 Finder 自带的解压缩工具；如果读者使用 Linux，那么应该已经知道该怎么做了。

现在已经有了完整的磁盘镜像，接下来需要将它写入 microSD 卡中。确保将使用的 microSD 卡有足够的空间来存储磁盘镜像。一般来说，microSD 卡的容量是 4GB 或更少，以便可以确保将所有的内容拷贝到 BeagleBone Black 的 eMMC 中（其空间为 4GB）。

在不同的桌面操作系统中，下载和复制磁盘镜像到 microSD 中的步骤也将不一样。在接下来的篇幅中，首先介绍如何在 Windows 下进行这些操作，接着一起介绍 OS X 和 Linux 下的操作，因为后两者比较类似。

Ubuntu 开发组（Ubuntu Linux 发行版的开发者和维护者）提供了一个名叫 Win32 Disk Imager 的工具来复制一个镜像文件到设备中。可以从 Ubuntu 的网站 http://wiki.ubuntu.com/ Win32DiskImager 下载这个工具。下载并安装后，会看到如图 6.2 所示的非常直观的界面。

图6.2　Win32 Disk Imager工具

此时，请将microSD卡插入到合适的读卡器上。我买的microSD卡附带了一个全尺寸的SD卡适配器，它可以直接插入到计算机上的SD卡槽中。你可能会需要一个额外的通过USB连接到计算机的读卡器。当把SD卡连接到计算机后，Windows会显示已经成功连接并给SD卡分配一个盘符，以我的情况为例，SD卡被分配的盘符是"E:"。

在Win32 Disk Imager工具的左上部分可以选择磁盘镜像放置的路径。从图6.2可以看到我现在用的是解压缩后的BeagleSNES镜像，它的存储路径为"C:\Users\brian\Downloads\beaglesnes_full.img"。请确保这里选择的是某个.img文件而不是一个压缩文件（*.zip、*.bz、*.bz2和*.tar.gz等）。

设置完镜像的位置后，紧接着便可在程序的右上部分选择镜像将要写入的设备（在此例中为"E:"）。一切设置完毕后，请单击Copy按钮。随着镜像逐字节的复制到microSD卡中，进度条开始慢慢地移动。整个复制过程需要一段时间，可以利用这个间隙品尝些点心或与亲人小聚一下。当复制结束后，会弹出如图6.3所示的确认信息。

图6.3　Win32 Disk Imager提示复制过程已经结束

只需要做这些便可将磁盘镜像复制到microSD卡中。取出SD卡，然后准备把它加载到BeagleBone Black上吧！

如果使用的是Linux或者OS X操作系统，那么将不需要下载任何额外的软件。系统默认已经包含了将要使用到的工具。接下来我们介绍的这些是在Ubuntu Linux虚拟机中演示的例子。如果你是Linux/OS X用户，那么我假设你已经具有足够的背景知识来跟着运行下面的命令。首先要做的是解压缩镜像文件：

```
brian@ubuntu:/bbb$ bunzip2 beaglesnes_full.img.bz2
```

命令运行结束后应该没有额外的提示信息，但会在当前目录下生成一个名叫beaglesnes_full.img的文件。

现在深入探讨在*nix的环境中将使用的一些真正的命令行工具。我们将使用dd程序来复制磁盘镜像。*nix系统对于dd的介绍很简单：dd——转换和复制文件。这非常简单，听起来也是我们所需要的。然而它所能做的事情其实非常强大，也很危险。dd程序允许用户通过输入/输出流来读取和写入原始数据。你可能会意外地从虚拟文件"/dev/zero"（每个从其读取的字节都是0字节）读取0字节到其他主存储设备中——相当于是擦除了该设备。这可能是件坏事情，除非你从一开始就打算这样子做。

在本例中，需要把镜像文件复制到microSD卡中。要做到这一点，首先需要确定插入的microSD卡在系统中的路径。先使用df命令列出系统当前所有存储空间的使用情况。

```
brian@ubuntu:/bbb$ df
Filesystem      1K-blocks    Used       Available    Use%    Mounted on
/dev/sda1       19478204     8222260    10243464     45%     /
none            4            0          4            0%      /sys/fs/cgroup
udev            494552       4          494548       1%      /dev
tmpfs           101068       1088       99980        2%      /run
none            5120         0          5120         0%      /run/lock
none            505340       152        505188       1%      /run/shm
none            102400       44         102356       1%      /run/user
```

然后插入microSD卡，并再次运行df命令。这时会出现一个新设备。

```
brian@ubuntu:/bbb$ df
Filesystem      1K-blocks    Used       Available    Use%    Mounted on
/dev/sda1       19478204     8222264    10243460     45%     /
none            4            0          4            0%      /sys/fs/cgroup
```

udev	494552	4	494548	1%	/dev
tmpfs	101068	1204	99864	2%	/run
none	5120	0	5120	0%	/run/lock
none	505340	152	505188	1%	/run/shm
none	102400	48	102352	1%	/run/user
/dev/sdd	15541760	8	15541752	1%	/media/brian/301D-2601

"Filesystem"那一列新出现的"/dev/sdd"就是我们的microSD卡！你可能会发现有更复杂的东西，比如一个磁盘上有多个分区，如"/dev/sdd1"和"/dev/sdd2"。在这种情况下，可能希望使用笔记本/台式计算机上的操作系统附带的工具将microSD格式化。同样，也可以使用dd命令擦除设备，相应的方法可以很快在谷歌上找到。

现在已经知道哪个设备是microSD卡。如果需要将其从系统中移除，那么在Linux环境中，可以使用umount；在OS X，更好的命令是diskutil unmountDisk。

```
brian@ubuntu:/bbb$ umount /dev/sdd
brian@ubuntu:/bbb$ df
Filesystem     1K-blocks    Used       Available   Use%   Mounted on
/dev/sda1      19478204     8222348    10243376    45%    /
none           4            0          4           0%     /sys/fs/cgroup
udev           494552       4          494548      1%     /dev
tmpfs          101068       1024       99864       2%     /run
none           5120         0          5120        0%     /run/lock
none           505340       152        505188      1%     /run/shm
none           102400       52         102348      1%     /run/user
```

正如所看到的，在运行umount移除microSD卡后，再次运行df命令时，将不会再看到microSD卡，虽然从物理上说，它依然连接在BeagleBone Black上。现在，可以使用dd命令将镜像文件写入到microSD卡中。注意，你可能必须是超级用户，即会使用到sudo命令。请记住，当使用sudo的时候会有很多特权，而更多的特权则意味着更多的责任。

执行这个命令时，在任务完成前不会看到系统有任何提示。整个过程可能需要很长时间才能完成。放松一下吧，起身去喝杯咖啡或者喝点饮料或者和亲人联系下。

```
brian@ubuntu:/bbb$ sudo dd bs=4M if=beaglesnes_full.img of=/dev/sdd
[sudo] password for brian:
```

```
945+1 records in
945+1 records out
3966763008 bytes (4.0 GB) copied, 883.681 s, 4.5 MB/s
```

这就是我们在 *nix 操作系统下需要做的事情。

现在已经有了可以被引导的镜像文件，下一步就可将 microSD 插入 BeagleBone Black 的卡槽，然后引导这个新的系统。上电后，在设计 beagleSNES 系统镜像时，设计者已经确保 BeagleBone Black 将引导 microSD 卡上的系统，而不是 eMMC 里面的系统。可以通过一个 micro-HDMI 连接器将 BeagleBone Black 连接到显示器上，如计算机的屏幕或者电视。图 6.4 展示了我的默认屏幕设置及桌面背景（被设置为我最喜欢的任天堂游戏 F-Zero）。我通过 micro-HDMI 连接线将 BeagleBone Black 连接到计算机的显示器，并将一个罗技 USB 鼠标、电源、以太网线和安装了 beagleSNES 镜像的 microSD 卡连接到了 BeagleBone Black。

图 6.5 给出了更加直观的 BeagleBone Black 配置情况并高亮显示了插入到插槽的 microSD 卡。

如果你现在想玩一会儿任天堂游戏，那么可先深入研究 beagleSNES 的文档来决定如何修改配置文件和添加游戏文件。此外需要指出的是如果你本身没有购买这些游戏，那么下载相关的游戏文件是非法的。请确保之前购买了这些游戏。

图 6.4   beagleSNES 在 BeagleBone Black 上（连接了一个 USB 控制器）启动

图6.5　插入BeagleBone Black中的microSD卡

以上就是在BeagleBone Black中安装其他操作系统的一个例子。下面再来回顾这些步骤。

（1）在计算机上下载要使用的与BeagleBone Black兼容的操作系统镜像文件。

（2）如果下载的文件是压缩文件（如.zip格式），那么请先解压缩。

（3）将镜像文件写入microSD卡。注意，镜像文件可能会非常大。本例中使用的beagleSNES镜像文件大小是4 GB。请记住，写入操作在Windows下可以使用Win32 Disk Imager工具；在 *nix下可以使用dd命令。

（4）将microSD插入到BeagleBone Black。

（5）插上电源！

上述这些介绍是一些通用的方法，但并不是所有的操作系统都可以通过相同的方式安装。例如，beagleSNES可以直接从microSD卡中启动，而对于其他一些系统而言，可能需要在BeagleBone Black启动的时候需要按住板上的boot switch按键来告诉开发板从microSD启动。这就需要你仔细阅读相对应的操作系统说明文档。beagleSNES的说明文档详细介绍了所有的安装步骤，当遇到问题时，请从说明文档中找寻答案。

重申一下：请务必阅读相关的说明文档和其他文件。移植到BeagleBone Black的各种操作系统的新版本一直在发布，首次移植到BeagleBone Black的操作系统也不断地出现。如果你遵循前面介绍的步骤来安装最新的Debian发行版，那么在将microSD中的镜像复制到eMMC时，BeagleBone Black会显示其一直在活动，这个过程可能会持续几十分钟。其他的一些发行版需要按下microSD插槽附近的boot switch按键。因此请阅读想安装的操作系统的相关文档，这样在安装过程中就会减少很多痛苦。

因为beagleSNES镜像不会覆盖掉原先在eMMC中的系统（至少在本书写作时），你可以将BeagleBone Black断电，拔出microSD卡，然后重新启动BeagleBone Black。这样就可以重新进入默认的Debian系统。事实上，如果此时BeagleBone Black还连接着显示器，你会看到一个普通的桌面环境。

有关BeagleBone Black的基本介绍到这里就结束了。下一章我们将开始深入介绍BeagleBone Black的用途及在BeagleBone Black下开发较大项目时所需要的一些关键技能。

第7章　扩展硬件知识

在前面的章节中，我们介绍了有关 BeagleBone Black 的基础知识。现在你已经知道如何登录到 BeagleBone Black、如何在 Linux 环境下进行一些操作、编写基本的程序和升级操作系统。是时候深入研究如何利用 BeagleBone Black 的这些功能，也该利用 BeagleBone Black 的扩展引脚来做一些复杂的事情，而不是简单地控制 LED 闪烁。

在第 5 章中，我们编写了一个基本的程序来控制一组灯交替闪烁，类似于铁路道口的信号灯。这种信号起到了很好的警示作用，但并没有真正提供任何有意义的信息。如果我们希望给用户展示数字，那么该如何做？数字的二进制表示依赖于每个二进制位（即每一位）的状态是 0 还是 1。这种状态也可用开或关、真或假、高或低表示。因此使用一组 LED 来表示一个数字会非常容易！本章将介绍如何扩展 BeagleBone Black 的硬件来为其添加新功能。

7.1　二进制基础知识

你应该已经非常熟悉十进制计数方法。但如果你没有接触过二进制计数，那么在开始学习本章时，可能会很困惑。不管怎样，让我们开始使用二进制计数以及朝着深入理解二进制数的方向努力吧！从零基础开始学习也是不错的。

将一个数字加 1 是很容易的，因为我们知道在十进制中 1 代表着什么。在二进制中，我们也已经建立了这样的概念：每个二进制位的值可以为 0 或 1。因此，在二进制中从 0 数到 1 和在十进制中是一样的。如果再加上 1，会发生什么？在十进制中，结果为 2；但是在二进制中，每个二进制位的值都不能为 2（不能超过 1）！在二进制中，我们仍然用数字的组合来计数，但是只能使用 0 和 1 这两个数字（即每个二进制位只能是 0 或 1）。在十进制中，当"个位"数字为 9，然后再想加1怎么办？这时需要将"十位"加1，"个位"清零。每次"个位"的值超过9，就需要重复前面的步骤，直到99。到了99之后怎么办？接下来就需要将"百位"加1，然后继续！我们为什么要这样做？这是我们每天都要接触的十进制数的基本数学运算。如果把一个十进制数（比如255）拆开，那么它实际上是一组数的和：即200+50+5。每个数是对应的十进制位上的1的倍数。表7.1举例说明了这一点。

表7.1　十进制数基本知识

2		5		5		
2	*	100	5	*	10	5 * 1
200		+	50		+	5
255						

那么100、10和1是什么呢？它们是十进制的基数10的若干次幂（如表7.2所示）！

表7.2　十进制数的复杂拆解

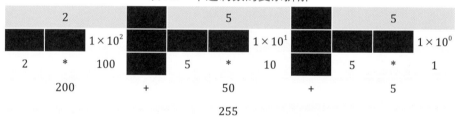

2		5		5
1×10^2		1×10^1		1×10^0
2 * 100		5 * 10		5 * 1
200	+	50	+	5
		255		

当然我们平时并不是这样计数的，因为十进制比较常见。但对于二进制，人们往往不习惯。表7.2中数字的基本拆解方法给我们提供一个更好地理解二进制的工具。这很重要，因为二进制是本书及其重要的基础知识。

让我们用类似的方式来拆解一个三位的二进制数，就像之前拆解十进制数255那样。记住，二进制的基数是2，不是10！下面让我们计算二进制数101对应的十进制数（见表7.3）。

很简单！在二进制数转换为十进制数的计算过程中，二进制位会被分为组，每组有8位（二进制位），即一个字节。每个字节能代表的最大数是多少？十进制数中最大的8位数是99999999，也就是每个十进制位的最大值。同理，二进制中最大的8位数是11111111。这个数等价于十进制中的多少？请根据表7.4来计算。

表7.3　二进制数转换为十进制数的复杂拆解

1				0				1
		1×2^2				1×2^1		1×2^0
1	*	4		0	*	2	1	*	1
4			+	0			+	1
				5				

表7.4　二进制转换为十进制的简单算法

Bits（二进制）	1	1	1	1	1	1	1	1
Bit Max（十进制）	128	64	32	16	8	4	2	1
Bit x Max（十进制）	128	64	32	16	8	4	2	1
Sum（十进制）				255				

所以，二进制中8位数能表示的最大数是十进制中的255！为了确保你掌握了这种转换，下面我们将一个随机的二进制数转换为相对应的十进制数（见表7.5）。

表7.5　二进制转换为十进制的简单算法

Bits（二进制）	0	1	1	0	0	1	1	0
Bit Max（十进制）	128	64	32	16	8	4	2	1
Bit x Max（十进制）	0	64	32	0	0	4	2	0
Sum（十进制）				102				

所以，二进制数01100110对应的十进制数是102。有了这些知识，我们就可以通过一组LED来表示数字了。

硬件表示

在本章中，我们需要使用BeagleBone Black的8个GPIO引脚来控制LED。从前面的章节已经知道我们可以使用引脚P9_12和P9_15。事实上，我们可以使用从P9_12到P9_17的6个引脚。虽然从P9_18到P9_20的引脚也是GPIO，但这里我们没法使用它们，因为它们已经被预留作其他用途，后续我们会对此做详细介绍。现在请使用P9_21和P9_22，这样我们凑齐了8个GPIO引脚。我们将控制这些引脚输出高电平与低电平来分别代表1和0。实现上述配置的电路图是什么样子？如图7.1所示，这个电路需要以下电子元器件。

- 8个LED。

- 9个用于连接BeagleBone Black和面包板的跳线。

- 8个阻值至少为330Ω的电阻，用来控制输出电流的大小（出于谨慎，本书采用阻值为680Ω的电阻）。

- 8个额外的跳线，用来将LED接地。

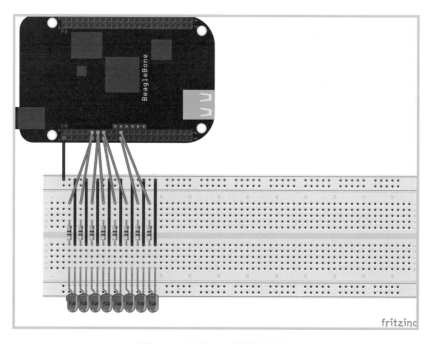

图7.1   用于演示二进制数的电路

下一步需要编写源代码来驱动这个电路。我们打算通过代码来控制LED做些什么？显示二进制数，从0到255。这很简单，对么？清单7.1是用Python语言编写的程序的源代码，它实现了我们的上述目标。

清单7.1   binary_counter.py

```
1.  """
2.  binary_counter.py - Illuminate 8 LEDs as binary number representation.
```

```
3.
4.    Example program for "The BeagleBone Black Primer"
5.    """
6.
7.    import Adafruit_BBIO.GPIO as GPIO
8.    import time
9.
10.   PINS = ['P9_22', 'P9_21', 'P9_16', 'P9_15',
11.       'P9_14', 'P9_13', 'P9_12', 'P9_11']
12.
13.   def check_bit(number, bit):
14.     return (number & (1 << bit)) != 0
15.
16.   for pin in PINS:     # Configure all the pins to output & off
17.     GPIO.setup(pin, GPIO.OUT)
18.     GPIO.output(pin, GPIO.LOW)
19.
20.   print 'Binary Counter - <ctrl>-c to exit.'
21.
22.   try:
23.     for i in range(MAX_NUMBERS):
24.       for bit, pin in enumerate(PINS):
25.         if check_bit(i, bit):
26.             GPIO.output(pin, GPIO.HIGH)
27.         else:
28.             GPIO.output(pin, GPIO.LOW)
29.
30.       time.sleep(DELAY)
31.     time.sleep(5)
32.
33.   except KeyboardInterrupt:
34.     pass
35.
36.   finally:
37.     print 'Done! Clearing bits...'
38.     for pin in PINS:
39.       GPIO.output(pin, GPIO.LOW)
40.     GPIO.cleanup()
41.     sys.exit(0)
```

这份代码比我们在前几章见过的那些代码要稍微复杂些。你应该已经熟悉代码的第1到8行，它描述了这个程序的用途及引入后续要用到的库。

第10和11行定义了一个列表（list），其包含的元素是将要使用到的GPIO引脚（用字符串表示）。图7.1中被选定的、位于BeagleBone Black最右侧的引脚（即P9_22）在列表中是最开始的元素，即第0项元素。

```
10. PINS = ['P9_22', 'P9_21', 'P9_16', 'P9_15',
11.         'P9_14', 'P9_13', 'P9_12', 'P9_11']
```

为什么要这样做呢？因为我们希望最低有效位（Least-Significant Bit，LSB）在最右边，而列表中的第0项元素即为最低有效位。当最低有效位改变时，将最小程度地改变整个数字的值。我们以传统的方法书写数字时，最低有效位也是最靠近右边。而最高有效位（Most-Significant Bit，MSB）是影响数值最大的数位，即传统书写方式下最靠近左边的那一位。

例如，对于十进制数28，如果把"个位"上的8加1，相当于整个数28增加了1，即最小程度上改变这个数。但如果将"十位"上的2加1，那么整个数将增加10，也就是最大程度改变了这个数。这些规则对于二进制数同样适用。比如二进制数110（即十进制数6），如果只是将最右位的0改变，那么整个数只增加了1，即变成111（十进制数7）；但如果改变最左边的1，那么原来的数将变成010（十进制数2），即差值为4。这里请注意，最低有效位有时候在最右侧，有时候在最左侧，这取决于数据流的方向及所使用的协议。在如图7.1所示的电路中，代表最低有效位的LED位于最右侧。

```
13. def check_bit(number, bit):
14.    return (number & (1 << bit)) != 0
```

第13行和第14行引入了一个在编程中非常重要的概念——函数。函数是一段实现了某些功能的代码，让编程人员可以在程序的任何地方通过调用函数名使用这些功能，而不用将实现相同功能的详细代码放置在每个用到的地方。在Python中，使用关键字def来定义一个函数。在本例中，函数check_bit的参数告诉我们这个函数需要两个参数，分别是number和bit。这两个参数的有效作用域只存在于这个函数。可以这样理解函数：当函数被调用时，除了极少数几个例外，可以不用去管函数的具体实现，只需要向函数传递相应的参数，然后函数内的return语句就会将运行结果返回到被调用的地方。

这非常像代数中的函数$y=f(x)$。这里的f是函数的名字，x是自变量。函数f运行后的结果将被传递给y。因为上面的函数check_bit需要两个参数，所以它更加类

似于一个三元函数 $z=f(x, y)$。

函数 check_bit 中的 return 之后的那些代码是什么？这里就需要介绍按位逻辑运算了。让我们假设传递到函数 check_bit 的两个参数 number 和 bit 的值分别为十进制数 2 和 0。十进制数 2 对应二进制数 10，你应该已经很熟悉这种转换了。就像在代数中一样，括号内的表达式首先被执行。在本例中，括号最里面的语句是（1<<bit）。类似于加减乘除运算符，这里的"<<"是一个稍微特殊的运算符，即按位向左移位。它将一个数对应的二进制数的所有二进制位向左移动若干位。具体移动的位数由"<<"运算符右边的参数决定。

我们知道二进制数 1 和十进制数 1 是相同的。如果一个数用 8 位的二进制数来表示，比如我们想用 8 个 LED 表示一个数，那么 1 可以被表达为 00000001。在调用函数 check_bit 时，如果传递给参数 bit 的值为 1，会发生什么？表达式（1<<bit）的运算结果为 00000010，即将 1 向左移动一位！此外，运算符会自动在最右侧填充一个 0。对于十进制数 128，即二进制数 10000000，将其左移一位后，其最高位的 1 将消失，而最低位会被补充一个 0，这样最后的结果是 00000000！

如之前假设的，若传递到函数 check_bit 的两个参数 number 和 bit 的值分别为十进制数 2 和 0，那么现在就可以用二进制数 00000001 代替括号里面的表达式（1<<bit）。那么括号外面的符号"&"是什么？它是另外一个位操作符，叫按位与。此运算符根据其两侧的数产生一个新的值，整个运算过程是按位操作的。它逐次比较两个二进制数对应的二进制位上的值：如果两个值都是 1，它返回 1；反之，则返回 0。表 7.6 是对于一组二进制位的（按位与）真值表。

表7.6 按位与（&）的真值表

左侧		右侧	运算结果
0	&	0	0
1	&	0	0
0	&	1	0
1	&	1	1

非常简单。如果运算符两边的值不全是 1，那么运算的结果为 0。对于更大的数值是怎样的呢？比如说 1101 和 0101？你可以逐位地重复上述操作，会发现结果为 0101，如表 7.7 所示。

表7.7   较大数值的按位与操作

第1个数字	1	1	0	1
第2个数字	0	1	0	1
运算结果	0	1	0	1

回到第14行。现在参数number的值为二进制数10（或00000010），括号内的表达式的运算结果为二进制数00000001。这两个数的按位与结果是多少？00000000！第14行代码的最后部分是一个布尔!=运算。这种运算返回逻辑True或False。True或False在Python语言里被设定为关键字，但并不是在所有的编程语言里都是如此。运算符"!="表示"不等于"。如果运算符两侧的值不相等，则结果为True；否则为False。这里用到"!="运算符的目的是为了检查按位运算的结果是否为0。按位运算返回的值为0，而代码将返回值与0比较。这两个值确实相等，因此整个语句将返回False。表7.8演示了第14行代码的全部处理过程。

表7.8   逐步演示check_bit函数的执行过程

(	number	&	(	1	<<	bit	)	)	!=	0
(	number	&	(	1	<<	0	)	)	!=	0
(	number	&	(	00000001			)	)	!=	0
(	number	&		00000001				)	!=	0
(	00000010	&		00000001				)	!=	0
(	00000000							)	!=	0
00000000									!=	0
False										

为了确保你理解了这个过程，表7.9演示了同样的过程，唯一的区别是参数bit的值被设置为1。

表7.9   逐步演示check_bit函数的执行过程（参数bit的值为1）

(	number	&	(	1	<<	bit	)	)	!=	0
(	number	&	(	1	<<	1	)	)	!=	0
(	number	&	(	00000010			)	)	!=	0
(	number	&		00000010				)	!=	0
(	00000010	&		00000010				)	!=	0

续表

(	00000010	)	!=	0
00000010			!=	0
True				

函数 check_bit 的具体功能是什么？它要求输入两个参数：number 和 bit。它实现的功能就是检查 number 上第 bit 位的值是 1 还是 0。其实在 Python 中，与大多数编程语言一样，第 14 行不需要做布尔 != 运算。数值 0 总是被等同于 False，除此之外的所有值都被认为是 True。所以第 14 行可以直接返回按位与的结果。但是为了让代码更加清晰，此处还是加上布尔 != 运算，这样可以说明我们在乎的并不是按位与的结果，而是要检查 number 上第 bit 位的值是 1 还是 0。如果是 1，则返回 True；否则，返回 False。

从现在开始，让我们用一种简单的方式来区分十进制数和二进制数：给二进制数增加一个前缀 0b。所以 100 是一个十进制数；而 0b100 代表的则是二进制数（即十进制数 4）。

这里介绍另外一个重要的概念：为什么表 7.1 第 10 行和第 11 行中的列表 PINS 的第 1 个元素的索引是 0。列表或者数组的索引都是从 0 开始，且最后一个元素的索引永远是列表或者数组的长度 −1。这里不是在选择某个元素，而是定义一个位移。假设定义如下的代码：

```
my_list = [a, b, c, d]
```

变量 my_list 实际上指向列表的开始。如果从最开始定义位移量，那么就不需要有任何位移！这就是说第 1 个元素的位移为 0。my_list 的长度为 4，那么最后一个元素的位移是多少？是最开始的元素的位移 +3。希望表 7.1 清楚地表达了这一点。

表 7.10 数组 / 列表的索引举例

my_list(0)	my_list(1)	my_list(2)	my_list(3)
a	b	c	d

```
16. for pin in PINS:    # Configure all the pins to output & off
17.    GPIO.setup(pin, GPIO.OUT)
18.    GPIO.output(pin, GPIO.LOW)
```

第 16 行至第 18 行创建一个循环来配置列表 PINS 中所有的引脚。第 16 行代码的含义是："下面几行代码是一个循环。循环每次运行时，变量pin会被赋值为列表PINS中的一个元素。当列表PINS中的所有元素被逐次赋值给变量pin后，循环结束"。对于每个被赋值给变量pin的引脚（列表PINS中的元素），其属性被设置为输出，并被初始化为输出低电平。这非常容易！第20行的代码用于打印信息到用户控制台，让运行程序的人知道程序当前正在做些什么。

```
22. try:
...
33. except KeyboardInterrupt:
...
36. finally:
```

总体来看，第22行、第33行和第36行是一个try代码块。第22行的语句定义了要尝试运行的代码块。第33行代码的功能是，当在程序执行的时候按下"Ctrl+C"组合键（引发KeyboardInterrupt消息），程序会x停止执行try部分的代码。这是很好的让程序停止运行的方式。第36行的finally语句在try代码或者except代码块运行结束之后运行，即不管怎样都会被执行的代码。finally代码块只有一个语句，即输出一条消息让用户知道程序已经完成，然后再关闭所有的引脚并调用GPIO库的清理功能。与之前控制LED闪烁的程序相比，这是一个改进点，因为它会在程序停止前执行清理功能。

```
23.    for i in range(256):
24.        for bit, pin in enumerate(PINS):
25.            if check_bit(i, bit):
26.                GPIO.output(pin, GPIO.HIGH)
27.            else:
28.                GPIO.output(pin, GPIO.LOW)
29.
30.        time.sleep(0.1)
31.    time.sleep(5)
```

第23行到第31行的代码是整个程序的核心。第23行的程序定义了一个执行256次（0～255）的循环。这个循环里面嵌套着另一个循环（第24行），后一个循环执行的次数等于列表PINS中包含的元素的个数。第24行代码还有另一个功能：将列表PINS中元素的索引值逐次赋值给变量bit。接下来（第25行），程序调用函数check_bit，这个函数用于检查变量i中第bit位的值，我们已经详细介绍过了。如果该bit位的值为1，那么对应的LED被点亮；否则，对应的LED被熄灭。程序（第30行）在等待0.1 s后检测变量i的下一个值（0～255），这样既可以保证有足够的时间看到LED变化，同时程序运行的总时间又不会太长。在循环结束时，即变量i为0b11111111时，程序打开所有的LED，并暂停5 s。图7.2展示了变量i为0b00000010（即十进制数2）时所有LED的开/关状态。

图7.2 在面包板上实现二进制计数器

表面上看，上面的例子只是在介绍二进制计数和位运算，但其实它包含的内容远远不止这些。它隐含地介绍了被称为并行通信的通信风格。还记得那些老式的扁平电缆么？如果你太年轻而不记得这些扁平电缆，那么可以去计算机博物馆中找寻它们。这些扁平电缆将多条数据线捆绑成扁平的线束来实现并行数据传输。

思考上述程序的另一种方式是将一个硬件设备连接到BeagleBone Black的8个引脚，这样该设备会捕获到BeagleBone Black传输的数字。图7.3展示了一个逻辑分析仪捕获到的信号，它每隔0.1s将8个二进制位的数据解析为一个数字。

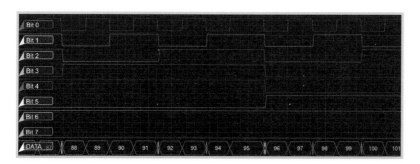

图7.3 用逻辑分析仪来展示上述程序，BeagleBone Black通过8个引脚向逻辑分析仪传输数据序列

在后续的章节中，我们会把传感器、指示灯或者其他硬件设备通过引脚连接到BeagleBone Black。大量的与BeagleBone Black的互动会使用到一些"智能"硬件。如果你需要通过并行连接多个设备，那么可以很快地利用BeagleBone Black的引脚实现，但这样做会看上去很乱，如图7.2所示。还就是为什么在当今的计算机中很少看到大的扁平电缆。在快速建模的时候，看上去很乱不是什么坏事，但过于复杂/乱也不是很好的解决方法。并行有它的用武之地，但通常用在具有高速通信和GHz时钟速度的板子上。一种更为便捷的解决方法是使用速度比并行慢一些、但更高效的串行通信。

7.2 串行通信

串行通信的历史比计算机要早，它起源于电报时代。在串行通信中，线路有两种状态：正在发送信号和没有发送信号。听起来很熟悉吧？这类似于二进制中每个位的值，为1或者0。串行通信经过很多代的改进演变成了当今的形式。下面让我们来介绍串行通信的鼻祖：通用异步接收器/传送器（Universal Asynchronous Receiver/Transmitter，UART）。

UART，读作"You-Art"，可能是最简单和容易理解的串行接口。它的基本工作原理是：传送器和接收器协商数据传输的速率以及单位时间内的数据发送数量。如果连接是双向的，那么一根线用于传送，另一根线用于接收。线路上的信号在绝大部分时间内处于高电平，直到一个代表"开始"的低电平信号出现。传送器将线路上的信号切换到低电平，表明它已经准备好发送数据。当接收器检测到电平变低，它便开始以所协商的速率从数据中解码信息。当发送完成后，线路上的信号再次切换到高电平。上面这一段描述包含的信息量比较大，所以让我们通过一个例子来加深理解。

首先，数据传输速率。在本例中，协商好的数据传输速率（也叫波特率，baud）是9600bit/s（比特/秒，bit/second），即每位数据占用1/9600 s来传输。串行通信还有其他一些常见的速率，只不过9600bit/s是最常见的。其次，是UART协议中的起始位（start bit）。当信号初次变为低电平时，线路上的信号在传输一位所需要的时间内保持低电平，以此来确保接收器已经准备好。起始位在每次传输的过程中都存在。紧接着，接收器/传送器需要协商每次传输的数据量。这在大多数情况下是8个比特，但也有其他值可选。此外，最低有效位会先被传输。有时一些所谓的校验位（比如奇偶校验位）会添加到数据块之后。奇偶校验位是检查错误的一种方法，可以是奇数或者偶数，我们稍后会详细介绍它。最后，类似于起始位，也可以定义停止位。起始位用低电平表示，停止位用高电平表示。

在如表7.11所示的例子中，波特率被设置为9600bit/s，奇偶校验位被启用且设置为偶数，另外还有一个停止位。数据的有效载荷是字节0b010000001。请记住，最低有效位是最先被传输的。

表7.11　使用UART协议传输字节0b01000001：波特率为9600bit/s，一个起始位、一个停止位和设置了偶校验

描述	起始位	数据位0	数据位1	数据位2	数据位3	数据位4	数据位5	数据位6	数据位7	奇偶位（偶）	停止位
逻辑电平	0	1	0	0	0	0	1	0	1	0	1
时间（ms）	0	0.10	0.21	0.31	0.41	0.52	0.63	0.73	0.83	0.93	1.04

基于本章前面介绍的知识，此时除了奇偶校验位之外，你应该对其他部分都非常理解了。奇偶校验位是一个快速检查数据出错的方法。此例中其被设置为偶校验。这意味着在起始位和停止位之间有偶数个二进制位的值为1（包含校验位）。在此例中，已经有两个二进制位的值为1，所有就没有必要再将奇偶校验位的值设为1。如果使用奇校验呢？那么该奇偶校验位的值将被设为1，即数据中有3个（奇数）二进制位的值为1。这是快速检验数据是否出错的非常有用的方法。如果收到数据有奇数个1，而期望的是偶数个1，那么就说明传输过程中出了差错。

审视UART

来看看真实世界的一个例子。图7.4是用逻辑分析仪捕捉的使用UART协议发送数据0b01000001的情况（同样的数据曾经在表7.8中使用过）。这个例子中的通信速率是9 600 bit/s，无奇偶校验位，有一个停止位。

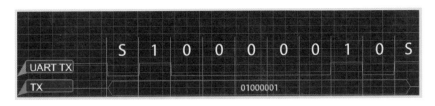

图7.4　使用UART协议传输0b01000001的示意图

需要注意的是，逻辑分析仪用蓝色的TX线显示解码后的有效的数据载荷。UART TX捕获的是原始的逻辑传输信号。解码后的数据以我们平时的阅读习惯来显示，即最低有效位显示在（蓝色TX线的）最右侧。数据的最低有效位最先被传输，因此它位于UART TX线的最左侧。注意最前面的开始位，以及在开始之前和结束之后，线路均被设置为高电平。

在上面的例子中，与BeagleBone Black通信的是SparkFun的SerialLCD显示屏，它与BeagleBone Black提供的3.3V电压兼容。这种类型的设备在后续的项目会经常看到，如果我们使用GPIO来给附加的设备供电。这是类似BeagleBone Black这种开发板的优势，它们可以方便地与其他设备连接，可用来快速建模。SparkFun的SerialLCD设计得很灵巧，读者可以向其传输文本（类似于上面传输数字），而且会被它显示在显示屏上。是的，数字可以代表文本中的字符。字符可以用相应的数字来代替，这已经在若干个标准中规定了。请记住，对于计算机来说，一切都是数字！

那么0b01000001对应的十进制数是多少？是65。如果在ASCII表中查找65，会发现它代表字母A。这就是为什么SerialLCD会显示A，如图7.5所示。

图7.5   只用了数量很少的引脚便可以和BeagleBone Black连接的串行显示屏

注意到位于面包板左侧的那些元器件了么？这些元器件为SerialLCD提供了3.3 V的电压。BeagleBone Black上的3.3V电压(P9_3和P9_4)无法给SerialLCD提供足够的功率。而P9_5和P9_6引脚的5V电压是由连接BeagleBone Black的电源直接驱动的，它们可以提供充足的功率。这里可以通过调压器（本例中采用的是一个可变调压器）来将5V转换为3.3V，详细的电路如图7.6所示。为了更好地理解这个电路，请阅读相关调压器的数据手册（这里使用的是LM317可变调压器）。使用某个电子器件时查询其数据手册是非常重要的，这有助于防止损坏元器件本身和其他设备。

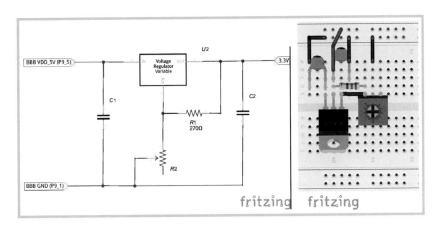

图7.6　将5V电压转换为3.3V的电路图

为了从BeagleBone Black发送信息到SerialLCD，可以使用Adafruit_BBIO库来启用串行通信。这里需要介绍单个引脚的多个不同配置和用途。BeagleBone Black上的内置的UARTs被绑定在一些特殊的引脚。Adafruit_BBIO库允许用户任意选择5个内置的UARTs中的一个。表7.12是对第2章中表格2.2的更新。在第2章里我们从宏观角度介绍了引脚的配置，这里更新的版本介绍了UART引脚。你会注意到多个GPIO引脚被绑定到5个UARTs：RX是接收器（Receiver）的缩写；TX是传送器（Transmitter）的缩写；CTS是清除发送（Clear To Send）（在协议的同步版本中使用）；RTS是准备发送（Ready To Send），也是用于同步通信。

表7.12　BeagleBone Black的扩展引脚

P9				P8			
地	1	2	地	地	1	2	地
+3.3V电源	3	4	+3.3V电源	GPIO	3	4	GPIO
+5V输入电源	5	6	+5V输入电源	GPIO	5	6	GPIO
+5V系统电源	7	8	+5V系统电源	GPIO	7	8	GPIO

续表

P9				P8			
+5V逻辑电位	9	10	系统复位	GPIO	9	10	GPIO
UART4 RX	11	12	GPIO	GPIO	11	12	GPIO
UART4 TX	13	14	GPIO	GPIO	13	14	GPIO
GPIO	15	16	GPIO	GPIO	15	16	GPIO
GPIO	17	18	GPIO	GPIO	17	18	GPIO
UART1 RTS	19	20	UART1 CTS	GPIO	19	20	GPIO
UART2 TX	21	22	UART2 RX	GPIO	21	22	GPIO
GPIO	23	24	UART1 TX	GPIO	23	24	GPIO
GPIO	25	26	UART1 RX	GPIO	25	26	GPIO
GPIO	27	28	GPIO	GPIO	27	28	GPIO
GPIO	29	30	GPIO	GPIO	29	30	GPIO
GPIO	31	32	ADC参考电压	UART5 CTS	31	32	UART5 RTS
模拟输入	33	34	模拟地	UART4 RTS	33	34	UART3 RTS
模拟输入	35	36	模拟输入	UART4 CTS	35	36	UART3 CTS
模拟输入	37	38	模拟输入	UART5 TX	37	38	UART5 RX
模拟输入	39	40	模拟输入	GPIO	39	40	GPIO
GPIO	41	42	UART3 TX	GPIO	41	42	GPIO
地	43	44	地	GPIO	43	44	GPIO
地	45	46	地	GPIO	45	46	GPIO

清单7.2　serial_output.py

```
1.  import Adafruit_BBIO.UART as UART
2.  import serial
3.
4.  UART.setup("UART1")
5.  tty1 = serial.Serial(port="/dev/ttyO1", baudrate=9600)
6.
7.  tty1.open()
8.  tty1.write('FE01'.decode('hex'))
9.  tty1.write('A')
10. tty1.close()
```

正如所看到的，当使用某个UART时，那些被用到的引脚就不能作其他用途。如果将SerialLCD连接到UART2或UART4，同时又运行本章开始介绍的二进制计数程序，那么就会出现问题。这就是为什么选择正确的引脚很重要。清单7.2给出了向SerialLCD发送字符的源代码。虽然在这里注释被刻意去掉了，但可以通过阅读SparkFun SerialLCD的数据手册、pySerial库的文档、串行数据的库的源文件和Adafruit的BBIO库文档来深入理解这份代码。

下一章将深入介绍BeagleBone Black的插件板系统。

8

第8章 底层硬件与插件板

我们已经用了很大的篇章介绍电子基础知识、与BeagleBone Black交互以及理解
Linux操作系统。现在让我们来剖析以前依赖于各种库来实现的交互功能，比如
Adafruit_BBIO的Python库。本章将窥探隐藏在这些库背后的更加复杂的结构，
令我们更加欣慰各种库能够实现的功能以及加深我们对插件板（cape）扩展系
统等硬件的理解。

8.1 Linux设备文件系统

读者要记住的最重要的事实之一就是在Linux中一切都是文件。这看似很夸张，
但是Linux确实把一切都当作文件对待。为了便于理解这个事实和帮助学习后面
的知识，需要先掌握一些基本的文件命令和命令行工具。

学习Linux/Unix命令行环境最重要的助手可能是man命令。它是指南（manual）
的缩写，大多数标准命令都提供了通过man来阅读的使用指南。事实上，甚至
可以使用man来查看man命令自身的使用指南。

```
root@beaglebone:# man man
MAN(1)              Manual pager utils     MAN(1)

NAME
 man - an interface to the on-line reference manuals

SYNOPSIS
 man [-C file] [-d] [-D] [--warnings[=warnings]] [-R encoding]
 [-L locale] [-m system[,...]] [-M path] [-S list] [-e
 extension] [-i|-I] [--regex|--wildcard] [--names-only] [-a]
```

```
[-u] [--no-subpages] [-P pager] [-r prompt] [-7] [-E encoding]
[--no-hyphenation] [--no-justification] [-p string] [-t]
[-T[device]] [-H[browser]] [-X[dpi]] [-Z]
[[section] page ...] ...
man -k [apropos options] regexp ...
man -K [-w|-W] [-S list] [-i|-I] [--regex] [section] term ...
man -f [whatis options] page ...
man -l [-C file] [-d] [-D] [--warnings[=warnings]] [-R
encoding] [-L locale] [-P pager] [-r prompt] [-7] [-E
encoding] [-p string] [-t] [-T[device]] [-H[browser]]
[-X[dpi]] [-Z] file ...
man -w|-W [-C file] [-d] [-D] page ...
man -c [-C file] [-d] [-D] page ...
man [-hV]


DESCRIPTION
 Manual page man(1) line 1 (press h for help or q to quit)
```

当关于某个命令的man页面出现时，命令行本身会消失，你会发现自己更像是在浏览一份文件。以下是一些在man环境中非常有用的命令：

- [空格键]——向下翻页

- [向下键]或者[j]——向下移动一行

- [向上键]或者[k]——向上移动一行

- [g]——移动到页面的开始

- [G]——移动到页面的末尾

- [q]——退出

一般来说，在man页面的开始会列出所有的参数和标志选项。上面的例子中就有许多不同的标志选项。让我们来学习另外一个重要的命令：echo。它的man页面如下：

```
ECHO(1)        User Commands        ECHO(1)


NAME
    echo - display a line of text
```

```
SYNOPSIS
        echo [SHORT-OPTION]... [STRING]...
        echo LONG-OPTION


DESCRIPTION
   Echo the STRING(s) to standard output.

   -n  do not output the trailing newline

   -e  enable interpretation of backslash escapes

   -E  disable interpretation of backslash escapes (default)

   --help display this help and exit

   --version
        output version information and exit

Manual page echo(1) line 1 (press h for help or q to quit)
```

echo是一个非常简单的命令，它包含一些简单的选项，将输入的字符串输出到
终端或者文件中。例如，echo加上选项-n将不会在输出结果之后自动换行；加
上选项-e或-E，则将一些字符加以特别处理，而不会把它们当作一般的字符输
出，如代表换行（\n）的字符。注意，字符"\"提供了一个在字符串中包括一
个通常不可打印字符的方法。非常简单，但上面的描述并没有说明我们将如何
开始使用这个命令。如果想输出"Hello, World!"到文件中，该怎么办？可以
结合使用echo命令和一个叫做重定向（>）的字符。字符">"将其左侧命令的
输出结果重定向到其右侧指定的文件中。在下面这个例子中，首先列出当前目
录包含的文件，然后运行echo命令，最后可以看到指定的文件被添加到当前目
录中：

```
root@beaglebone:# ls
bbb-primer
root@beaglebone:# echo Hello, World! > new_file.txt
root@beaglebone:# ls
bbb-primer new_file.txt
```

在这个例子中，可以看到一个新的文件"new_file.txt"被创建了。

这是学习另一个命令cat的好时机。命令cat接收一个文件或者几个文件作为输入，然后将它（们）的内容打印到终端。例如，下面演示了如何查看文件new_file.txt中的内容：

```
root@beaglebone:# cat new_file.txt
Hello, World!
```

命令more和命令cat比较类似。如果文件较大，用cat显示的内容会超过一个屏幕，那么便可以使用more命令来逐页地查看内容，类似于man命令。

另外两个重要的概念是管道（用|表示）和grep。命令grep允许通过特定的关键字来搜索文件的内容；而管道则允许将一个命令的输出结果通过管道输入到另一个命令。当结合管道来捕获信息/处理数据的时候，这些命令的组合的功能是非常强大的。例如，可以使用一个叫做ps的命令来打印当前的系统进程。在ps中使用参数AUX会产生大量的结果输出。然而，如果假设你只想找到在Apache Web服务器运行的、用户名为www-data的进程，这时可以通过ps列出所有的进程，但同时使用grep过滤输出只包含字符串www-data的输出行，如下面的例子所示。

```
root@beaglebone:# ps aux | grep www-data
www-data  875   0.0   0.3   5644     1996 ?     S 16:19 0:00 /usr/sbin/
apache2 -k
www-data  880   0.0   0.4   227056   2364 ?     Sl 16:19 0:00 /usr/sbin/
apache2 -k
www-data  881   0.0   0.4   227048   2360 ?     Sl 16:19 0:00 /usr/sbin/
apache2 -k
root      2712  0.0   0.1   1576     596 pts/0  S+ 18:01 0:00 grep www-data
```

这些是一些用来在Linux中快速轻松地操作文件和查看文件信息的核心命令。因为在Linux中一切都是文件，这形成了一个强大的核心工具集。再提醒一遍，在Linux中所有一切都是文件。你也许会认为引脚和硬件都不是文件，但对Linux来说它们都是文件。

8.2   文件系统中的硬件

在前面几章的例子中，我们通过各种库来减少控制LED的复杂度。现在来研究如何不通过调用函数库来直接打开连接到P9_11的LED。我们应该从哪里开始？需要首先找到正确的文件来了解它们是如何基于内存块来保存GPIO信息的。

在 BeagleBone Black 上，所有的 GPIO 被分为了 4 组，每组保存 32 个引脚的信息。这些引脚的索引当然是从 0 开始。这些可能会给我们 128 个可用 GPIO 端口（4×32）。其实这其中只有一部分被连接到了扩展接口上。在 92 个引脚中，只有 67 个可用于 GPIO，其他的被用于电源、接地和模拟输入。此外，引脚在内存的位置和物理上的引脚位置并不对应，需要一些映射。为了便于理解，表 8.1 和表 8.2 提供了 P9 和 P8 的映射。

表8.1　P9 上的 GPIO 映射到内存位置的 GPIO

GPIO ID	偏移	集群	功能	引脚	引脚	功能	集群	偏移	GPIO ID
			DGND	1	2	DGND			
			VDD 3.3	3	4	VDD 3.3			
			VDD 5V	5	6	VDD 5V			
			SYS 5V	7	8	SYS 5V			
			PWR_BUT	9	10	SYS_RESETN			
gpio30	30	0	GPIO	11	12	GPIO	1	28	gpio60
gpio31	31	0	GPIO	13	14	GPIO	1	18	gpio50
gpio48	16	1	GPIO	15	16	GPIO	1	19	gpio51
gpio5	5	0	GPIO	17	18	GPIO	0	4	gpio4
gpio13	13	0	GPIO	19	20	GPIO	0	12	gpio12
gpio3	3	0	GPIO	21	22	GPIO	0	2	gpio2
gpio49	17	1	GPIO	23	24	GPIO	0	15	gpio15
gpio117	21	3	GPIO	25	26	GPIO	0	14	gpio14
gpio115	19	3	GPIO	27	28	GPIO	3	17	gpio113
gpio111	15	3	GPIO	29	30	GPIO	3	16	gpio112
gpio110	14	3	GPIO	31	32	VDD_ADC			
			AIN4	33	34	GND_ADC			
			AIN6	35	36	AIN5			
			AIN2	37	38	AIN3			
			AIN0	39	40	AIN1			
gpio20	20	0	GPIO	41	42	GPIO	0	7	gpio7
gpio116	20	3					3	18	gpio114
			DGND	43	44	DGND			
			DGND	45	46	DGND			

表8.2   P8上的GPIO映射到内存位置的GPIO

GPIO ID	偏移	集群	功能	引脚	引脚	功能	集群	偏移	GPIO ID
			DGND	1	2	DGND			
gpio38	6	1	GPIO	3	4	GPIO	1	7	gpio39
gpio34	2	1	GPIO	5	6	GPIO	1	3	gpio35
gpio66	2	2	GPIO	7	8	GPIO	2	3	gpio67
gpio69	5	2	GPIO	9	10	GPIO	3	4	gpio68
gpio45	13	1	GPIO	11	12	GPIO	1	12	gpio44
gpio23	23	0	GPIO	13	14	GPIO	0	26	gpio26
gpio47	15	1	GPIO	15	16	GPIO	1	14	gpio46
gpio27	27	0	GPIO	17	18	GPIO	2	1	gpio65
gpio22	22	0	GPIO	19	20	GPIO	1	31	gpio63
gpio62	30	1	GPIO	21	22	GPIO	1	5	gpio37
gpio36	4	1	GPIO	23	24	GPIO	1	1	gpio33
gpio32	0	1	GPIO	25	26	GPIO	1	29	gpio61
gpio86	22	2	GPIO	27	28	GPIO	2	24	gpio88
gpio87	23	2	GPIO	29	30	GPIO	2	25	gpio89
gpio10	10	0	GPIO	31	32	GPIO	0	11	gpio11
gpio9	9	0	GPIO	33	34	GPIO	2	17	gpio81
gpio8	8	0	GPIO	35	36	GPIO	2	16	gpio80
gpio78	14	2	GPIO	37	38	GPIO	2	15	gpio79
gpio76	12	2	GPIO	39	40	GPIO	2	13	gpio77
gpio74	10	2	GPIO	41	42	GPIO	2	11	gpio75
gpio72	8	2	GPIO	43	44	GPIO	2	9	gpio73
gpio70	6	2	GPIO	45	46	GPIO	2	7	gpio71

这对于在基本的命令行中与端口交互来说是非常重要的信息。GPIO基础功能位于目录"/sys/class/gpio/"下，如果查看这个目录，便会看到哪些GPIO引脚已经被分配。

```
root@beaglebone:# ls /sys/class/gpio/
export gpiochip0 gpiochip32 gpiochip64 gpiochip96 unexport
```

到现在为止，虽然你还没有手动地去分配任何引脚，但是已经具备了可以开始行动的基础知识。这4个gpiochip文件与之前讨论的4组接口相关联,文件export和unexport提供了特殊的功能。如果向export文件写入与某个GPIO内存位置对应的数字,那个引脚将变为可用并会被配置。正如前面所讨论的,如果想打开LED,可以使用引脚P9_11。通过表8.1中的信息,会发现引脚P9_11关联到ID为30的GPIO,或第0组接口上偏移量为30的引脚。为了使用这个引脚,只需要将30写入到export文件中。

```
root@beaglebone:# echo 30 > /sys/class/gpio/export
root@beaglebone:# ls /sys/class/gpio/
export gpio30 gpiochip0 gpiochip32 gpiochip64 gpiochip96 unexport
```

现在我们有了一个针对gpio30的目录,这个目录包含了与GPIO30属性相关的一些文件。

```
root@beaglebone:# ls /sys/class/gpio/gpio30
active_low direction edge power subsystem uevent value
```

通过操作这些文件便可以获得类似于之前用到的函数库中提供的功能。你可以使用cat命令来读取GPIO参数的当前设置,如下所示。

```
root@beaglebone:# cat /sys/class/gpio/gpio30/active_low
0
root@beaglebone:# cat /sys/class/gpio/gpio30/direction
in
root@beaglebone:# cat /sys/class/gpio/gpio30/edge
none
root@beaglebone:# cat /sys/class/gpio/gpio30/uevent
root@beaglebone:# cat /sys/class/gpio/gpio30/value
1
```

从输出结果可以看到这个引脚没有被配置为低电平有效(0代表false)。这个引脚被设置为输入、没有被设置为监控电压上升/下降沿、uevent没有值、引脚上读取的值为高(或1)。阅读这些文件就可以理解GPIO引脚上的全部配置。你可以暂时忽略power和subsystem目录。

现在想做的是打开LED,或设置direction为高电位。更简单地说,就是让GPIO引脚输出一个值,而且输出的是逻辑高电平,这样就打开了LED。当LED被打开后,将引脚输出的电压调回逻辑低,然后通过unexport来释放相应的引脚。

```
root@beaglebone:# echo high > /sys/class/gpio/gpio30/direction
root@beaglebone:# cat /sys/class/gpio/gpio30/direction
out
root@beaglebone:# cat /sys/class/gpio/gpio30/value
1
root@beaglebone:# echo low > /sys/class/gpio/gpio30/direction
root@beaglebone:# cat /sys/class/gpio/gpio30/value
0
root@beaglebone:# echo 30 > /sys/class/gpio/unexport
root@beaglebone:# ls /sys/class/gpio
export gpiochip0 gpiochip32 gpiochip64 gpiochip96 unexport
```

正如你所看到的，在这一系列操作后，gpio30引脚已经被释放并且不再可用。当使用库的时候，如Adafruit_BBIO Python库，函数库把所有的这一切都配置好了。虽然Adafruit_BBIO库是Python库，但实际上它是用C语言编写的，这就是为什么我们得到的运行结果非常快，甚至在速度比较慢的Python环境中也运行地很快。在这份C代码中，你会发现许多被调用的功能都与文件系统有关，函数库将这些与文件系统的交互抽象为简单的接口。

8.3 引脚复用

现在介绍一些稍微复杂且让人困惑的内容。我们知道每个引脚都有多种功能，这被多路复用器（Multiplexer，Mux）控制。理解整个多路复用器环境的最简单的方法是：CPU上的硬件的不同部分负责不同的功能。每个引脚最多具有8个不同的被多路复用器控制的配置（0~7）。当选择某个配置时，那个引脚就会通过多路复用器连接到特定功能的芯片。图8.1试图通过P9_11（GPIO30）来阐明这一点。

实际上每个GPIO和相应的引脚都有不同的配置参数可用。要查看所有GPIO的当前状态，可通过cat来查看一个文件。在本例中，只需要查看GPIO30。

```
root@beaglebone:/bbb-primer/chapter08# cat \
/sys/kernel/debug/pinctrl/44e10800.pinmux/pins | grep"pin 30"

pin 30 (44e10878) 00000037 pinctrl-single
```

对我们来说，这一行最重要的信息是4字节的十六进制数0x00000037。这是在CPU中与GPIO30关联的控制寄存器的值。寄存器是有限存储容量的高速存储部件，它通常可以更快地访问和控制系统。寄存器是位镜像，意思是不同的位可以有不同的含义。在Sitara处理器的手册中可以找到这些细节。这个手册（版本

K）有4966页，你不需要通读此手册。表8.3提供了相关的信息。

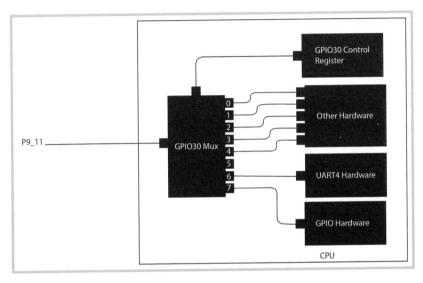

图8.1 引脚P9_11（GPIO30）的复用

表8.3 与GPIO控制相关的寄存器定义

二进制位	字段	描述
31-20	保留	无
19-7	保留	无
6	转换控制	在快/慢转换之间切换 0: 快 1: 慢
5	接收器控制	PAD输入使能 0: 禁用接收器 1: 启用接收器
4	上拉/下拉类型	PAD上拉/下拉类型选择 0: 选择下拉 1: 选择上拉
3	启用上拉/下拉	启用/禁用PAD上拉/下拉 0: 启用上拉/下拉 1: 禁用上拉/下拉
2-0	复用模式	PAD复用功能选择

通过这个表会知道这是一个32位的寄存器（0～31），除了靠近最低有效位的6位，其他位都可以忽略。其中的转换速率是允许用户控制引脚状态变化的速度，它是为更高级用户提供的设置。接收器状态定义了输入和输出模式。与上拉和下拉电阻有关的两个二进制位很有意思。我们将在第9章中详细地介绍电路中的上拉和下拉电阻。

最后3位是复用模式。复用模式对所有的GPIO引脚来说都是7（0b111），引脚随着复用模式的不同会被设置为不同的功能。表8.4列出了BeagleBone Black上每个引脚的默认设置。这是通过调用内核pinctrl得到的输出结果。

表8.4　可用的BeagleBone Black引脚的默认设置

GPIO	物理引脚	转换控制	接收器	上拉/下拉	启用上拉/下拉	复用模式
2	P9_22	快	禁用	上拉	启用	1
3	P9_21	快	禁用	上拉	启用	1
4	P9_18	快	禁用	上拉	启用	1
5	P9_17	快	禁用	上拉	启用	1
7	P9_42	快	禁用	上拉	启用	1
8	P8_35	快	禁用	下拉	启用	7
9	P8_33	快	禁用	下拉	启用	7
10	P8_31	快	禁用	下拉	启用	7
11	P8_32	快	禁用	下拉	启用	7
12	P9_20	快	禁用	下拉	启用	7
13	P9_19	快	禁用	下拉	启用	7
14	P9_26	快	禁用	下拉	启用	7
15	P9_24	快	禁用	下拉	启用	7
20	P9_41	快	禁用	上拉	启用	7
22	P8_19	快	禁用	上拉	启用	7
23	P8_13	快	禁用	下拉	启用	7
26	P8_14	快	禁用	下拉	启用	7
27	P8_17	快	禁用	下拉	启用	7
30	P9_11	快	禁用	上拉	启用	7

续表

GPIO	物理引脚	转换控制	接收器	上拉/下拉	启用上拉/下拉	复用模式
31	P9_13	快	禁用	上拉	启用	7
32	P8_25	快	禁用	上拉	启用	2
33	P8_24	快	禁用	上拉	启用	2
34	P8_5	快	禁用	上拉	启用	7
35	P8_6	快	禁用	下拉	启用	7
36	P8_23	快	禁用	上拉	启用	7
37	P8_22	快	禁用	上拉	启用	7
38	P8_3	快	禁用	上拉	启用	7
39	P8_4	快	禁用	上拉	启用	7
44	P8_12	快	禁用	下拉	禁用	0
45	P8_11	快	禁用	下拉	禁用	0
46	P8_16	快	禁用	下拉	禁用	0
47	P8_15	快	禁用	下拉	禁用	0
48	P9_15	快	禁用	下拉	禁用	0
49	P9_23	快	禁用	下拉	禁用	0
50	P9_14	快	禁用	下拉	禁用	0
51	P9_16	快	禁用	下拉	禁用	0
60	P9_12	快	禁用	上拉	启用	0
61	P8_26	快	禁用	上拉	启用	0
62	P8_21	快	禁用	上拉	启用	0
63	P8_20	快	禁用	上拉	启用	0
65	P8_18	快	禁用	上拉	启用	0
66	P8_7	快	禁用	下拉	启用	7
67	P8_8	快	禁用	下拉	启用	7
68	P8_10	快	禁用	下拉	启用	0
69	P8_9	快	禁用	下拉	启用	0
70	P8_45	快	禁用	下拉	启用	0

续表

GPIO	物理引脚	转换控制	接收器	上拉/下拉	启用上拉/下拉	复用模式
71	P8_46	快	禁用	下拉	启用	0
72	P8_43	快	禁用	下拉	启用	0
73	P8_44	快	禁用	下拉	启用	0
74	P8_41	快	禁用	下拉	启用	0
75	P8_42	快	禁用	下拉	启用	0
76	P8_39	快	禁用	下拉	启用	0
77	P8_40	快	禁用	下拉	启用	0
78	P8_37	快	禁用	下拉	启用	0
79	P8_38	快	禁用	下拉	启用	0
80	P8_36	快	禁用	下拉	启用	0
81	P8_34	快	禁用	下拉	启用	7
86	P8_27	慢	启用	下拉	启用	2
87	P8_29	慢	启用	下拉	启用	2
88	P8_28	快	禁用	下拉	禁用	7
89	P8_30	快	禁用	下拉	启用	7
110	P9_31	快	禁用	上拉	启用	0
111	P9_29	快	禁用	下拉	禁用	0
112	P9_30	快	禁用	上拉	启用	0
113	P9_28	快	禁用	下拉	禁用	0
114	P9_42	快	禁用	下拉	禁用	0
115	P9_27	快	禁用	下拉	禁用	0
116	P9_41	快	禁用	上拉	启用	0
117	P9_25	快	禁用	上拉	启用	0

在学习 BeagleBone Black 的过程中，你从这个表格中得到的最重要的信息就是不是所有引脚的复用模式都被设置为 GPIO（7）。这是因为在 BeagleBone Black 默认启动的时候，已经有很多引脚被用于涉及 HDMI、eMMC、SPI 串口协议（不同于之前介绍的 UART）等的服务。

8.4 硬件配置

所有这些配置在最底层是如何实现的？甚至在开发板启动的时候？答案是通过
Device Tree 和 Device Tree overlay。Device Tree 生态系统提供了一种简单地改变
系统的方法，这种方法不需要重新编译内核。Adafruit_BBIO 库在实现的时候就
用到了这些 overlays。进一步，BeagleBone Black 的 CapeManager 在这些方面做
出了改进，给我们带来了插件板（Capes）。

什么是插件板？插件板是 BeagleBone Black 的硬件扩展，它可以直接插入到
BeagleBone Black 的 P8 和 P9 集群中。插件板在 Device Tree 中定义需要用到
的额外硬件，一般来说增加一些新功能。这是对插件板的最基本描述，因为
它是根据设计者的想象和需求来定义的。整个插件板生态系统的存在是为了
给 BeagleBone Black 提供额外的 BeagleBone Black 本来不具备的功能。例如，
SparkFun 的 ProtoCape 就是一个插件板，但是它提供的功能非常基础，如图 8.2
所示。

图 8.2 SparkFun 的插件板 ProtoCape

插件板ProtoCape的功能是为设计者提供最基本的可以搭建测试电路的空间，在那里设计者可以方便地将自己设计的电路连接到BeagleBone Black的所有引脚。这是非常有用的，因为通过它可以很方便地做原型设计和开发，或者搭建比在面包板上用的更加长久的电路。SparkFun提供的另外一个开发板是CryptoCape，如图8.3所示。

图8.3　SparkFun的插件板CryptoCape

CryptoCape可能看起来像多了几个组件的ProtoCape，因为它也包含了可以用来搭建测试电路的空间。CryptoCape与其他插件板的一个重要区别是它没有提供两侧的扩展接口。然而CryptoCape提供了一些非常重要的基于硬件的功能，包括以下部分。

- 一个实时时钟，用来允许BeagleBone Black保存自己的、更加准确的时间，而不必依赖于时间服务器。在图8.3所示的CryptoCape中，你在插件板的左下角可以看到电池和实时时钟。这是一个非常实用的只需要很少电源来维持的功能，所以电池会持续工作很长时间。

- 包含可信平台模块和其他的加密芯片，允许不依赖于操作系统的加密和解密。加密和解密通常需要消耗大量的操作系统资源。将这些功能移动到硬件上可以加速处理加密和解密并释放操作系统资源。

■ 一个Atmel ATMega328微控制器，类似提供了一个小型的Arduino。这使得我们可以将类似于脉冲宽度调制（Pulse Width Modulation，PWM）这种对定时要求比较高的功能放到ATMega328中来实现。

Element14提供了一对功能更加强大的BB-View LCD插件板。这对插件板提供4.3寸或者7寸的液晶屏。这些屏幕是触摸屏，为BeagleBone Black提供了另一种输入方式。这些在项目中非常有用。你可以运用手或者触摸笔来工作。触摸笔和4.3寸的BB-View插件板如图8.4所示。

图8.4　Element14的BB-View插件板

上面介绍的这两个SparkFun插件板从很多方面来说，功能是很基本的。很明显，ProtoCape除了提供访问EEPROM的能力，并没有提供其他的功能。许多CryptoCape提供的功能Linux已经提供了。更强的性能往往会带来更高的复杂性。在本书写作时，使用Element14的BB-View时需要为BeagleBone Black加载一些补丁。BB-View插件板在默认情况下关闭了以太网口，读者需要通过USB连接到BeagleBone Black，然后更新文件"/etc/network/interfaces"的eth0来重新打开以太网口接口。

如之前提到的，你必须学会阅读这些硬件的使用手册（这在我们后续的学习中

会变得越来越重要）。使用手册通常都可以在网上找到，Element14和SparkFun
也提供了精彩的使用手册。

读者现在已经理解了基本的硬件和BeagleBone Black的一些底层配置知识，下面
让我们来开发更加复杂的项目吧。

9

第9章　与外部世界交互（I）: 传感器

虽然有些项目是为类似于BeagleBone Black这样的嵌入式系统开发，但它们也只是简单地将嵌入式系统连接到网络，然后把系统当作计算资源或者服务器来使用。不过，仍然有很多项目（如机器人、家庭自动化和环境感知等）基于嵌入式系统来收集外部物理世界的信息。本章将详细介绍如何在BeagleBone Black上使用传感器（来达到上述目的）。

9.1　传感器基础知识

首先从基本的概念开始：什么是传感器（sensor）？传感器是变换器的一种，它是这样的一种元器件：它将一种能量作为输入，然后以另一种能量的形式输出。一般来说，传感器将一些能量的变化转换为电信号。在本章中，你会学到传感器的基础知识以及如何读取和解码传感器捕获的信号。在现实生活中，通常会遇到两种包装类型的传感器：一种是非常基本的传感器，你需要自己主动监测其在环境中的变化；而另一种较复杂，通常已经被封装起来，因此可以通过串行连接（或其他方式）来访问其感知的数据。下面先介绍第一种传感器，然后再过渡到第二种。

最简单的可以感知的事情之一是开和关。这非常简单，你一直都在做这件事情。打开灯，随着灯亮起发出光，可以快速感知环境的变化；按下遥控器上的开关按钮，电视机就会被打开。开关所做的这些就可以是一个完整的电路。图9.1给出了BeagleBone Black上一个简单的开关电路示意图。

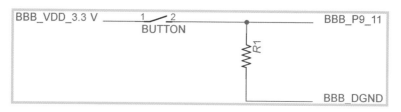

图9.1   一个带有下拉电阻的简单按键电路

让我们仔细来剖析这个电路的功能。电源是通过BeagleBone Black上的3.3 V电源提供的。按键的一端连接到了上述的电源，另一端被连接到BeagleBone Black的一个GPIO引脚上，并通过一个电阻接地。这里通过电阻接地是一个重要的概念。没有按下按键时，3.3V电源和GPIO引脚之间并没有连通，所以GPIO引脚上有一个悬浮电压。虽然这个引脚没有被高电平驱动，但这并不意味着其上的信号处于逻辑低状态。从字面上看，它是通过电磁波辐射、静电和其他噪声源获得了一个悬浮的电压。将这个引脚通过一个电阻接地可以确保当未施加一个外部电压时，引脚上的信号处于逻辑低状态。这里的电阻就是所谓的下拉电阻（Pull-down Resistor）。

当打开该电路中的开关时，连接到GPIO引脚电线上的电压变成了3.3V。同样，这不难理解。图9.2展示了在面包板上搭建的电路。你现在要做的就是随着按键被按下的时候做出相应的反馈动作。这可以用到之前介绍的Adafruit Python库。清单9.1列出了一个简单的可以读取按键状态的Python程序。

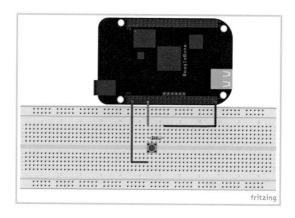

图9.2   在面包板上搭建的带有下拉电阻的简单按键电路

清单9.1   simple_button.py

```
1.  import Adafruit_BBIO.GPIO as GPIO
2.  import time
```

```
3.
4.  # Define program constants
5.  BUTTON_PIN = 'P9_11'
6.  OFF        = 0
7.  ON         = 1
8.
9.  # Configure the GPIO pin and set the initial state of
10. # variables to track the state of the button.
11. GPIO.setup(BUTTON_PIN, GPIO.IN)
12. button_state_old = OFF
13. button_state_new = OFF
14.
15. # print out a nice message to let the user know how to quit.
16. print('Starting, press <control>-c to quit.\n')
17.
18. # Execute until a keyboard interrupt
19. while True:
20.   try:
21.     # Check the state of the pin. If it is
22.     # different than the last state,
23.     # print a message.
24.     button_state_new = GPIO.input(BUTTON_PIN)
25.     if button_state_new != button_state_old:
26.       if button_state_new == OFF:
27.         print('Button transitioned from off to on.')
28.       else:
29.         print('Button transitioned from on to off.')
30.
31.     # Update the stored button state and then wait a tenth of a second.
32.     button_state_old = button_state_new
33.     time.sleep(0.1)
34.
35.   except KeyboardInterrupt:
36.     GPIO.cleanup()
```

这是一个很简单的程序。你应该已经非常熟悉 Python 和 Adafruit 库了，所以会很容易理解这个程序。程序的第 1 行到第 13 行主要做一些配置工作。第 23 行至第 32 行是一个循环，用来循环读取引脚的状态。如果引脚状态发生变化，程序将根据这个变化打印出相应的消息。新的状态也将被保存下来，然后程序睡眠一会，以便计算机可以做其他的任务。这个电路在其他类型的开关或者其他具有开/关状态的传感器下也是可以工作的。因此有时候可能会让电路以相反的方式工作，即按键没有按下时，为逻辑高电平；按键按下时，为逻辑低电平。

要做到这一点，只要将按键通过一个电阻连接到3.3 V电源（就像在前面的例子中将其接地一样），然后将按键的另一端接地。这种情况下的电阻被称为上拉电阻（Pull-up Resistor）。图9.3给出了更新后的电路图。

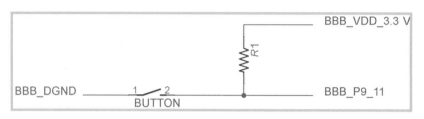

图9.3　上拉到3.3 V电源的简单按键电路

我们之前见过这种上拉电阻，因为它经常被使用。还记得在串行数据中，数据线一直保持在高电平，然后直到从起始位开始变低么？那里就是通过一个上拉电阻实现的。

这里的代码非常简单。如果所要做的就是检测按键是否被按下这个事件，那么没必要太复杂。Adafruit的GPIO库提供了等待某个事件发生的函数，在这个事件发生前一直占有CPU，直到事件发生。这个函数叫做wait_for_edge()。现在请记住，当使用这个函数等待上升/下降沿的时候，程序不能做其他任何事情。如果在事件发生的时候不想仅仅打印一个消息，而是想执行另外一个外部程序并打开LED，那么其对应的电路会变得稍微复杂，如图9.4所示。但其对应的源代码会更容易理解，如清单9.2所示。

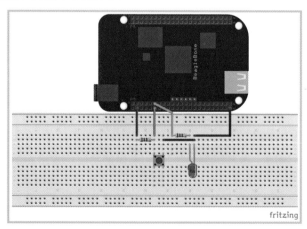

图9.4　一个带有LED指示灯的简单按键电路

清单 9.2   **not_as_simple_button.py**

```
1.  import Adafruit_BBIO.GPIO as GPIO
2.  import time
3.  import subprocess
4.
5.  # Define program constants
6.  BUTTON_PIN = 'P9_11'
7.  LED_PIN    = 'P9_12'
8.
9.  # Configure the GPIO pins and set the initial state of variables
10. # to track the state of the button.
11. GPIO.setup(BUTTON_PIN, GPIO.IN)
12. GPIO.setup(LED_PIN, GPIO.OUT)
13. GPIO.output(LED_PIN, GPIO.LOW)
14.
15. # print out a nice message to let the user know how to quit.
16. print('Starting, press <control>-c to quit.\n')
17.
18. # Execute until a keyboard interrupt
19. try:
20.    while True:
21.          # Wait for the BUTTON_PIN to have a falling edge,
22.          # indicating the button has been pressed.
23.       GPIO.wait_for_edge(BUTTON_PIN, GPIO.RISING)
24.
25.       # Button has been pressed so turn on the LED and start your program
26.       GPIO.output(LED_PIN, GPIO.HIGH)
27.       subprocess.call(['/path/to/the/program', '-argument'])
28.
29.       # Program is done, turn off the LED and start waiting again.
30.       GPIO.output(LED_PIN, GPIO.LOW)
31.
32. except KeyboardInterrupt:
33.    GPIO.cleanup()
```

这个程序一般不会在控制台中运行。相反，它可能会被设置在BeagleBone Black启动的时候自动运行，检测开关按下的事件，并做出相应的动作。我们将在下一章介绍如何让一个程序在后台运行。你现在应该看到，通过将简单的传感器添加到开发板中，我们可以丰富项目的功能，而不会使得它过于复杂。

就像前面所讨论的那样，传感器是将一种类型的能量转化为可使用的信号。对于按键和开关来说，它们的机械能发生变化并转换成电信号——既简单又有效。对于上面的例子可以快速地举一反三。想知道简单的操纵杆是怎样操作的么？一个潜在的操纵杆电路图如图9.5所示。如果把一个有横梁的杆放在底部，当杠杆转向不同的方向，不同的按键或其组合被按下，则不仅可以监测到机械力，还可以监测到它的运动方向！

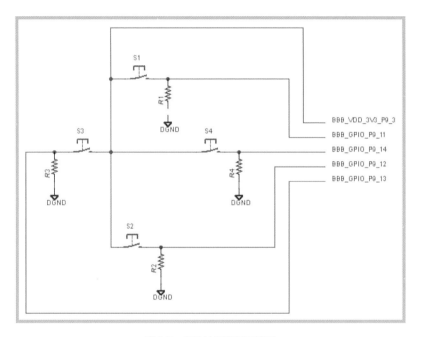

图9.5　简单的操纵杆示意图

我们还可以在不同的场景下利用这个简单的多个按键的想法。比如键盘是如何工作的？检测按键按下很简单，但如何检测旋转呢？一种检测方法是使用可变电阻。

可变电阻和电位器是非常简单的元器件。它们的两端连着一个滑片，当滑片移动时，其接入电路中的电阻值发生变化。如果回头去查看第7章中3.3V电源的原理图，会发现那里就包含了一个可变电阻或者电位器，用来调节调压器的输出。这是在LM317的数据手册中推荐的。所以数据手册是学习时的好伙伴，我们需要阅读它，它会让我们的学习过程变得快乐、高效并加速项目的开发。在第4章中，根据相关的公式，我们知道电压随着电阻的变化而变化。因此如果我们改变了电阻，就可以改变电路中的电压。

通常情况下，在这种类型的电路中我们会使用电位器，因为它可模仿分压器。如图9.6所示，分压器是为信号和低电流电路提供压降的一种方法。它不该被用来改变电源线上的电压，因为高电流效用和复杂的负载电阻会以我们意料之外的方式改变分压器的属性。这就是为什么在第7章中要使用调压器。然而对于类似于信号线这样的物体，使用分压器的效果是很容易预测的。两个电阻之间的电压可以通过下面的方程式来计算：

$$V_{out} = \frac{R_2}{R_1 + R_2} \times V_{in}$$

因此，例如想将信号电平从5 V调节成3.3 V，那么：

$$V_{out} = \frac{3.3\ k\Omega}{1.7\ k\Omega + 3.3\ k\Omega} \times 5\ V = 3.3\ V$$

使用电位器时，当打开旋钮并移动滑柄时就会成比例地改变接入电路的有效电阻。表9.1中给出了电位器上某两点的测量电阻值。表格中使用的1.8 V输入电压是有特殊原因的，这个原因我们会在后面的学习过程中介绍。

表9.1　通过移动滑柄改变电位器的有效电阻值

输入（V）	R1（Ω）	R2（Ω）	输出（V）
1.80	1	10280	1.80
1.80	1710	8600	1.50
1.80	3110	7230	1.26
1.80	5280	5090	0.88
1.80	7030	3400	0.59
1.80	8600	1790	0.31
1.80	10270	0	0.00

从这个表中可以学到什么？首先我们观察到，当滑柄转动时，R1和R2的值保持反比例变化。R1减少多少，R2就会增加多少。由于万用表分辨率的限制，这里会有少许误差，但它们之间的关系清晰可见。第二点需要注意的是，当R1处于最小值时，电路几乎是处于短路状态。这时的电阻值只有1 Ω或更少（算上测量

误差）。有时候你会发现，这是分压器在确保我们永远不会短路所采取的必要措施。图9.6显示了分压器和电位器电路原理图。

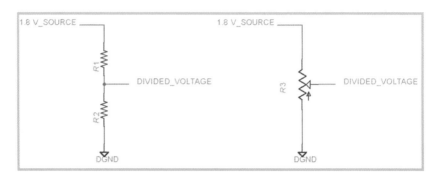

图9.6　分压器（左）和电位器（右）的原理图

9.1.1　模拟vs数字

现在我们身边已经有了一个电位器，当其打开时可以提供不同的电压。从前面的介绍可知，我们可测量引脚上的电压。因此可以在BeagleBone Black上用所学的有关知识编写一个程序来检测引脚上的电压，并将其转换为对应的电位器的位置。这时得先介绍在传感器领域应用非常广泛的一种电子元器件——模数转换器（Analog-to-Digital Converter，ADC）。

那么是模拟和数字之间的何种差异使得我们须使用ADC？用通用术语来讲，数字是基于逻辑状态的，如高和低，或开和关。不同的二进制位代表着不同的级别。然而模拟可以在一定范围内任意取值。心跳是一种很常见、容易被识别的模拟信号。图9.7是用示波器采集的我妻子的脉搏。请注意，它不只是在两个水平值之间跳动；它的取值是一个光滑的曲线。

我们将在本章的最后部分更深入地介绍采样的概念，但其基本原理很简单。ADC中包含的电路将时间和幅值均连续的模拟量转换为时间离散、幅值离散且在一定范围内的数字信号。BeagleBone Black上的ADC是12位，这意味当输入电压为0V时，其对应的离散值为0b000000000000；而当电压处于转换器的最大值时，其对应的值为0b111111111111。这个值等价的十进制数是多少？下面是一个简单的公式，它可以计算 n 个二进制位所能代表的最大值：

$$values=2^n$$

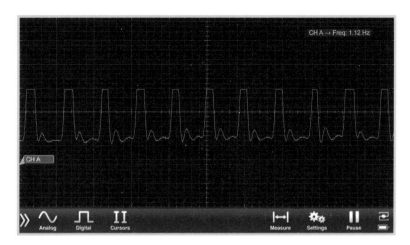

图9.7 心跳图

在这个公式中，*values* 代表能被表示的值的数量，*n* 表示多少个二进制位。3 个二进制位能表示的值的数量为

$$values = 2^n = 2^3 = 8$$

因此，3 个二进制位可以代表 8 个不同的值，但是因为最小的值为 0，所以能表示的最大的值为 8−1=7。对于 12 位的 ADC，其能表示的值是从 0 到

$$max = 2^n - 1 = 2^{12} - 1 = 4095$$

也就是说，在 12 位的 ADC 中，能读到的最大的值为 4095。BeagleBone Black 上的 ADC 的最高的电压是 1.8V。这是非常重要的，请记住：

BeagleBone Black 上 ADC 的最高输入电压是 1.8V。

不要把 3.3V 或 5V 或其他任何高于 1.8V 的电源直接接到 BeagleBone Black 上 ADC 的输入引脚，否则可能造成其损坏。为了方便，BeagleBone Black 在 ADC 的引脚附近提供了一个可供其使用的 1.8V 电源。这也是之前为什么我用了 1.8 V 的电源。读者现在也许想知道怎么将 ADC 读到的值转换为对应的电压。我们首先要做的是将 0 到 1.8 这个范围等分为 4096 个单位，被称为计数，如下所示：

$$1.8 \div 4\,095 = 0.0004$$

这意味着电压上每 0.0004V 的变化将引起从 ADC 读到的值变动 1，反之亦然。这一切看起来很容易，只有一个问题：噪声。ADC 会尽全力来捕获输入的值，但开发板上的其他因素或噪声源可以改变其实际读取的电压值。通过电位计的快速测试，我们可以看到一或两个数位发生变化。这意味着从ADC读到的值的前几个（从最低有效位算起）二进制位上的值可以忽略。这带来的结果并不会糟糕。我们知道一个计数为0.0004 V，所以可以放心地忽略前两个二进制位（值为3），因为这带来的不确定性范围只有0.0012 V，也就是刚刚超过1/1000 V的误差。

你现在对如何使用这组引脚来读取电压和传感器的值有了更进一步的认识。BeagleBone Black上有7个可用的ADC引脚，均在P9上。这里也有一个之前提到的1.8V模拟电源，以及一个特殊的可以保护传感器的接地引脚。使用这个电源和接地可以将ADC中的噪声降到最低。

用于理解模拟信号采样的非常有趣的一个传感器是脉冲传感器。SparkFun的脉冲传感器套件（SEN-11574）的使用方法简单，配置和运行起来都非常快。图9.7显示了由BeagleBoneBlack上的3.3V电源供电的SparkFun脉冲传感器的读数。当然，不能将传感器直接接到ADC的引脚上，因为1.8V是它们的极限。这可以通过将分压器连接到输出上来将最高的输出电压控制在1.8V以下。图9.8给出了详细的电路图。

此刻，从这个传感器收集数据的代码对读者来说已经非常容易理解了（参见清单9.3）。

清单9.3　**heartrate.py**

```
1.  import Adafruit_BBIO.ADC as ADC
2.  import time
3.
4.  # Define program constants
5.  ANALOG_IN   = 'AIN0'
6.  SAMPLE_RATE  = 100      # Hertz
7.
8.  # Short function to handle a bug in the ADC drivers where the
9.  # value needs to be read twice to get an actual value
10. def read_adc(adc_pin):
11.     ADC.read(adc_pin)
12.     return ADC.read(adc_pin)
13.
14. # Configue the ADC
15. ADC.setup()
16.
17. # Execute until a keyboard interrupt
```

```
18. try:
19.   while True:
20.     value = read_adc(ANALOG_IN)
21.     print(value * 1.8)
22.     time.sleep(1/SAMPLE_RATE)
23.
24. except KeyboardInterrupt:
25.   pass
26.
```

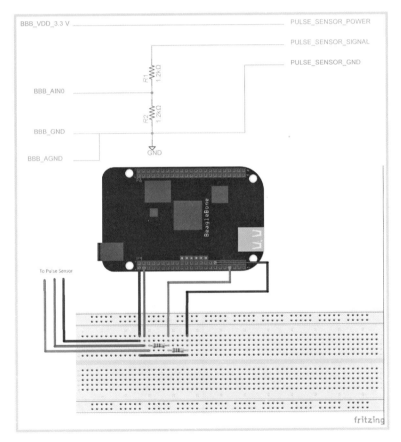

图9.8　SparkFun脉搏传感器连接图

read_adc函数简单地读取ADC两次，这在本书写作时是必要的，因为ADC驱动中存在的bug。这个bug是Adafruit在Adafruit_BBIO的文档中指出来的。这就是为什么说文档是我们学习的好伴侣。

在终端的命令行中运行这个程序会打印很多数据到终端。我们需要做的是将程序的运行结果输出到一个文件中，而不是终端的屏幕上去。可以用类似如下的重定向命令来实现：

```
root@beaglebone:/bbb-primer/chapter09# python heartrate.py > data.txt
```

这个命令将所有的数据输入到一个文件中，以备后用。比如可以用 excel 将这些数据绘制成相应的图形。

9.1.2　采样率

这里需要重点讨论的一个变量是 SAMPLE_RATE。这个变量的单位是赫兹（Hz），或周期 / 秒。100 Hz 表示每秒 100 次。这里的 100 可以根据需求设定。我们感兴趣的是每秒运行的测量次数。这值的倒数就是每两次采样之间的时间间隔。举例来说，100 Hz 就是每隔 1/100 s（即 0.01 s）采样一次。采样率是我们需要注意的一个值。图 9.9 给出了使用 4 个不同采样率的采样结果，其中每个均和采用率为 100 Hz 的采样结果作了对比。

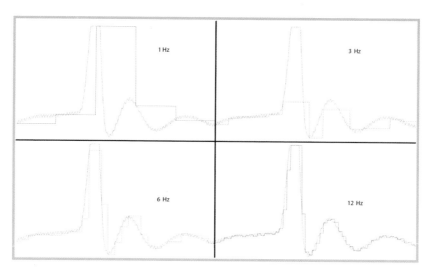

图9.9　用不同的采样率对脉冲传感器采样（采样率分别为1Hz、3Hz、6Hz和12Hz）

如果采样过于频繁，那么将会采集到比所需多得多的数据；如果采样率过低，就可能捕获不到需要的图形。在 100 Hz 的采样频率下，我们收集到 500 个数据点，一个小脉冲的一部分。但如果采用1Hz的采样率，会发生什么呢？我们存储的数据总量将减少到只有5个数据点，但不可能得到在100Hz采样率时那样清楚的波形。

一个想法是查看波形下降沿所持续的最短时间。通过快速地测量可以发现，位于最高的波峰和其后的波谷之间的时间间隔大概是0.3s，那么如果采样率是3Hz会怎样呢？我们绝对是朝着接近最精确的波形的方向前进。但是请注意采样率为3Hz时，我们并没有捕获到最高的那个波峰的幅度。这是因为一个采样点正好落在波形的上升沿，而其后的采样点落在波形的下降沿。采样率为1Hz和3Hz的采样为欠采样，我们无法重建正确的波形。

现在，我们知道采样率为3Hz时已经接近正确的波形，知道需要捕获的最小特征频率大致在3Hz(即0.3s采样一次)。如果我们把采样率加倍到6Hz，也许会得到更精确的波形。如图9.9所示，采样率为6Hz时我们获得了精确度非常不错的波形！虽然它很粗糙，但它将波形表达地相当准确。将连续和光滑的波形转换为离散数值时，这是非常著名的特性。准确重建一个波形所需的最低采样率是其频率的两倍。这就是奈奎斯特采样（Nyquist Sampling）和奈奎斯特频率（Nyquist Frequency）。包含在这两个术语中的奈奎斯特发现了这个现象。这个发现涉及要想恢复传输的信号，我们应该使用何种采样率来对其采样。如果你喜欢微积分和傅里叶变换，那么会发现其中的原因非常有趣，本书在此就不深入讨论这些话题了。

现在我们知道采用2倍于原始信号频率的采样率可以保证我们重建基本的波形，但如果需要更加精确的波形呢？一个实践经验是采用4倍于原始信号频率的采样率。从图9.9中使用12Hz的采样率的波形可以看出，它更接近于实际波形，同时我们不需要存储海量的数据就可以重建波形（只需要42个数值，对比100Hz时的500个数值）！

这里还有很多需要改进的地方。如果单独看100Hz的波形，会发现从始至终信号都存在一个固定的涟漪。这是ADC采样时的噪声。如果我们对表9.1中电位器的值进行采样，也会看到类似的波动。这是从ADC读取的数值中的最开始几位带来的变化。对于12位的ADC，通过我们前面的计算得知在0V到1.8V的电压范围，最低有效位的变化会带来电压0.0004V的变化。在细微科学观测领域，它们采用的ADC通常具有更高的精度，但这些是通过将系统封闭、屏蔽、接地或其他措施来将噪声降到最低。而我们的开发板运行在一个开放的、充满噪声的环境中。因此对于我们来说，0.0004V的电压变化就是没有变化。

总而言之，我们可以观察到大约 0.003 的噪声。这涵盖了系统中所有的噪声源。如何让这种噪音不会给采样的数据带来错误呢？有许多解决方法，但它们都有一个共同点：需要牺牲一定的波形精确度。前面我们已经讨论过一种方法：降低采样率。在 100Hz 情况下，我们的抽样远远快于我们的需求，而我们可以用 12Hz 的采样率得到很好的采样结果。正如在图 9.9 看到的那样，12Hz 的采样率可以获得所有细节都不错的波形。

虽然有很多原因促使我们使用比 Nyquist 采样速率快两倍以上的采样速度并想方设法消除噪音，我们这里确实应该把重点放在合理的采样率上。正如读者所看到的那样，这样减少了需要存储的数据量，不用担心某些人为的干扰；这也减少处理器的工作量，因为采样的频率降低了。

在下一章中，我们将开发一个通过传感器来监测室内环境的项目。我们也会将所采集的数据传输到网络存储器上，甚至提供将这些数据绘制成图形的功能！

10

第10章　远程监控和数据收集

我们已经学习了很多与BeagleBone Black交互的基础知识，在第9章中我们也介绍了如何从外部物理世界获取数据。这种应用可能是类似于BeagleBone Black这种计算机能做的最有趣的事情，即从外部世界获取数据和与外部世界交互。将获得的数据变得可以访问将是下一个正确的步骤。在本章中，你将学习构建一个项目来监控周围环境并发布所监控的数据，让它们为其他人所用。我们也将会把这些数据绘制成图形！

10.1　项目概要

让我们花点时间来规划一个项目。我们想收集BeagleBone Black周围环境中的数据并让这些数据变得容易访问，下面是我们预期的一些目标。

- 选择一个感兴趣的环境参数。

- 用合理的速度收集数据。

- 将收集的数据发布到网络存储空间。

- 设置当BeagleBone Black启动时，自动启动数据收集和发布。

那么，在工作环境中有哪些有趣的环境条件呢？温度永远是最基本的。我的办公室内放置了很多长期保持运行的计算机和其他设备，所以这会让人想知道房间里面的实时温度。也有可能想知道房间里面的灯是开的还是关的。我们的项目将围绕着这两个基本的环境参数进行。根据前面章节学到的知识，读者应该已经很清楚地知道如何将其他传感器添加到项目中。

首先需要准备将要使用的传感器，阅读它们的数据手册，并了解如何将它们整合到BeagleBone Black中。我们将使用TMP36温度传感器（SparkFun SEN-10988，Adafruit Prod # 165，Element14/Newark Part# 19M9015）来测量温度。TMP36是一个容易使用和包装小型的温度传感器，如图10.1所示。对于光强，我们将使用一种叫做感光元件的元器件（SparkFun SEN-09088，Adafruit PROD # 161）来检测。

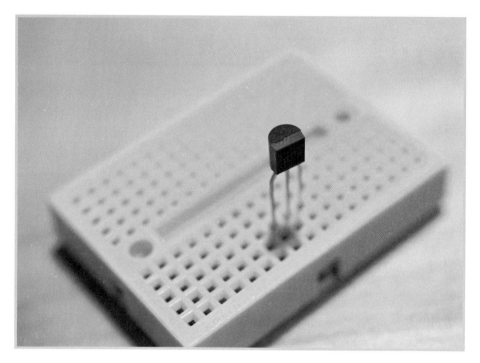

图10.1   TMP36低电压温度传感器

这个传感器的使用方法非常简单，它只有3个接口：在2.7V到5.5V之间的输入电压（也称为Voltagesupply或Vs）、一个输出电压（Vout）和一个接地。传感器的工作电流小于0.5 μA，所以给这个传感器供电是很容易的。传感器的输出电压与温度成比例，工作范围在-40℃～125℃。希望你所在的室内温度没有超过这个界限。通过之前学过的知识知道，我们需要使用一个ADC来读取电压并转换成对应的温度。不能使用1.8V的电源给ADC供电，而要使用3.3V电源或5 V电源。无论选择哪种输入电压，在规定的温度范围内输出电压都在0V～2V。每10mV的电压对应输出1℃的温度。而最大的2V电压则大于我们的上限1.8V电压。但如果注意观察其数据手册中的输出电压和温度表的对应表（见图10.2），就会看到即使在工作范围之上，电压也依然保持在1.8V之下。

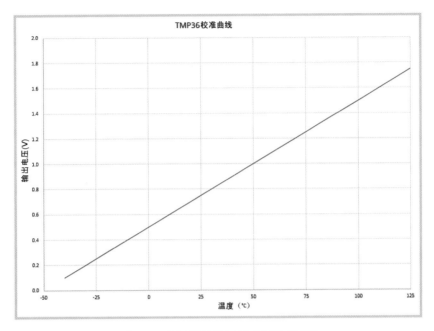

图10.2 TMP36输出电压与温度的关系图

从数据手册中可以看出，输出电压和温度之间是一种线性关系，并且斜率为0.1 V/℃。作为一个基准点，我们可以看到当输出电压为0.75V时，其代表的温度是25℃。基于上述信息，可以算出这条曲线在y轴的截距，即在温度为0℃时，其y轴为：

$$y = m \cdot x + b$$

$$0.750\text{V} = 0.01\text{V}/℃ \cdot 25℃ + b\text{V}$$

$$b\text{V} = 0.750\text{V} - 0.01\text{V}/℃ \cdot 25℃$$

$$b\text{V} = 0.50\text{V}$$

所以这条直线对应的方程如下：

$$y\text{V} = 0.01\text{V}/℃ \cdot x℃ + 0.50\text{V}$$

$$y = 0.01 \cdot x + 0.50$$

现在唯一的问题是：在这个方程中，温度是自变量，输出电压是因变量；而在我们的项目中，我们从传感器读到的数据是输出电压，想要计算的是温度。所以需要将上述方程转换为：

$$y = m \cdot x + b$$

$$\frac{y-b}{m} = x$$

$$\frac{y\mathrm{V} - 0.5\mathrm{V}}{0.01\mathrm{V}/{}^{\circ}\mathrm{C}} = x\,{}^{\circ}\mathrm{C}$$

$$x = 100 \cdot y - 50$$

这非常简单，也很容易在Python上用一个函数来实现。

```
def tmp36_v_to_t(volts):
 return 100 * volts-50
```

10.2   搭建项目的电路

现在已经知道怎么将读到的电压转换为对应的温度。下一步需要将传感器连接到BeagleBone Black。就像之前提到的，搭建与这个传感器相关的电路相对简单。但是从数据手册中我们可以看到，它推荐在V_{supply}和接地之间额外添加一个电容。电容器可以被认为是一个电荷储藏器。在这种情况下，电容的作用就像水塔，你在所居住的城市可能见到过水塔。如果进入水塔的水超过当前所需的，水则会被储存在水塔中，而不会对整个系统造成向下的压力；如果所需的水超过平常使用的，水塔中预存的水则会满足这些额外的需求。当然，如果没有控制好进入水塔的水，结果仍可能是水量不足或则水压过高。

类似的情况也可能在电源中发生。电源并不会时刻保持稳定的值。通过在温度传感器输入端之前连接一个电容器，我们可以解决电源小幅度的波动，从而获得平稳的电压输出。这些电容通常称为"平流电容器"，在数字电路中很常见。从图10.3中可以看到，传感器之间的电容的两端分别连接到了BBB_VDD_3.3 V和BBB_DGND。电容值的计量单位是电容，用法拉（Farads，F）表示，并且通常都是用非常低的法拉值（例如本例中的0.1μF）。电容器有两种不同类型：有极性电容和无极性电容。在这个项目中，我们需要一个代码为104（0.1μF）的无极性电容。图10.4显示了面包板上的电路连接示意图。

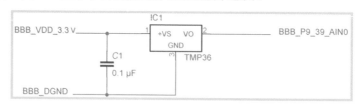

图10.3   传感器之间的电容连接情况

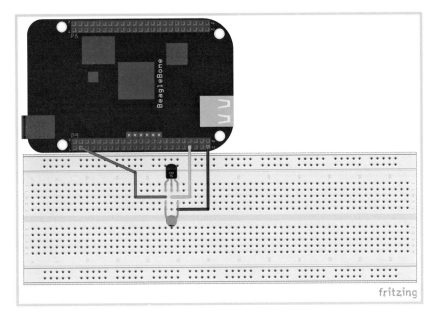

图10.4 连接TMP36到BeagleBone Black上的电路图在面包板上的布局

现在需要用Python编写代码来收集数据。详细的代码如清单10.1所示，你现在应该很熟悉这些代码了。注意这里的代码包含了我们前一小节中得到的输出电压和温度的关系式。

清单10.1 tmp36_collection.py

```
1.  import Adafruit_BBIO.ADC as ADC
2.  import time
3.
4.  # Confiuge the ADC
5.  ADC.setup()
6.
7.  # Define program constants
8.  TMP36_PIN   = 'AIN0'
9.  SAMPLE_RATE = 0.5   # Hertz
10.
11. def read_adc_v(adc_pin, adc_max_v=1.8):
12.   """ Read a BBB ADC pin and return the voltage.
13.
14.   Keyword arguments:
15.   adc_pin   -- BBB AIN pin to read (required)
```

```
16.    adc_max_v -- Maximum voltage for BBB ADC (default 1.8)
17.
18.    Return:
19.    ADC reading as a voltage
20.
21.    Note: Read the ADC twice to overcome a bug reported in the
22.    Adafruit_BBIO library documentation.
23.    '''
24.    ADC.read(adc_pin)
25.    return ADC.read(adc_pin) * adc_max_v
26.
27. def tmp36_v_to_t(volts):
28.    """ Calibration function for the TMP36 Temperature sensor.
29.
30.    Keyword arguments:
31.    volts - TMP36 reading in Volts
32.
33.    Return:
34.    Reading in degC
35.    '''
36.    return (100 * volts) - 50
37.
38. if __name__ == '__main__':
39.
40.    # Execute until a keyboard interrupt
41.    try:
42.      while True:
43.        voltage_reading = read_adc_v(TMP36_PIN)
44.        temperature = tmp36_v_to_t(voltage_reading)
45.        print 'Temperature: {:.2f} C'.format(temperature)
46.        time.sleep(1/SAMPLE_RATE)
47.
48.    except KeyboardInterrupt:
49.      pass
```

这组代码比此前见过的都要稍微复杂一点，因为我们现在正朝着开发更大的应用程序的方向努力，这就需要注意程序的维护性、文档以及良好的编程习惯。首先请注意与上一章的脉搏监测传感器应用相比，我们在这里已经把采样率降低到0.5Hz（即每两秒采样一次）。因为温度的改变速度相对较慢，所以即使是0.5Hz这样的采样速率其实也显得有点快了。我们稍后会再次改进采样率的取值。

在两个函数的定义之后，在三重引号之间的是注释文本块。这种特殊的注释叫做文档字符串（docstring）。一个好的文档字符串不仅清楚介绍函数在源代码中是如何工作的，也可以帮助其他开发人员将你的代码当做库来使用。

代码行if_name_ == '_main_'：告诉Python解释器如果其后的代码是直接从解释器中调用的，那么就运行这些代码。这对别人想使用我们代码的时候是非常有用的。例如，如果在交互模式下启动Python解释器，那么可像其他的Python库一样引入tmp36_collection。在特殊的if_name_call参数下，函数和常量会被定义，但程序不会开始启动运行。这种情况下，读者可以测试或者在需要的地方使用这些函数。这也是文档字符串非常有用的地方。

```
root@beaglebone:/bbb-primer/chapter10# python
Python 2.7.3 (default, Mar 14 2014, 17:55:54)
[GCC 4.6.3] on linux2
Type"help", "copyright", "credits"or"license"for more information.
>>> from tmp36_collection import *
>>> read_adc_v(TMP36_PIN)
0.6979999959468842
>>> help(read_adc_v)

Help on function read_adc_v in module tmp36_collection:

read_adc_v(adc_pin, adc_max_v=1.8)
  Read a BBB ADC pin and return the voltage.

  Keyword arguments:
  adc_pin -- BBB AIN pin to read (required)
  adc_max_v -- Maximum voltage for BBB ADC (default 1.8)

  Return:
  ADC reading as a voltage

  Note: Read the ADC twice to overcome a bug reported in the
  Adafruit_BBIO library documentation.
(END)
```

最后，在代码第44行的print语句中有一个新的知识点。这是字符串格式化的方法，这里就不深入探讨了。你应该去查查Python字符串格式化的方法，以便更好地理解这条语句是什么意思。网站http://docs.python.com是一个很好的查询

Python字符串信息的地方。大括号中的信息会被format函数调用中的变量所替换。

在如图10.3和图10.4所示的连接了TMP36传感器的BeagleBone Black中执行上述代码，运行的结果如下：

```
root@beaglebone:/bbb-primer/chapter10# python tmp36_collection.py
Temperature: 19.80 C
Temperature: 19.80 C
Temperature: 19.80 C
^Croot@beaglebone:/bbb-primer/chapter10#
```

10.3　感光元件

这是一个良好的开始。下一步需要将感光元件连接到BeagleBone Black中，并提供类似的输出结果。光敏元件（见图10.5）是感光元件的一种，其在不用的外部光照下将会产生不同的电阻属性。

图10.5　光敏元件

这与电位器类似。我们可以利用这个特性来创建一个分压器，在分压器上光敏元件是第一个电阻器。图10.6给出了将光敏元件添加到图10.3之后的电路原理图，图10.7则显示了将感光元件加入到面包板之后的实际电路图。

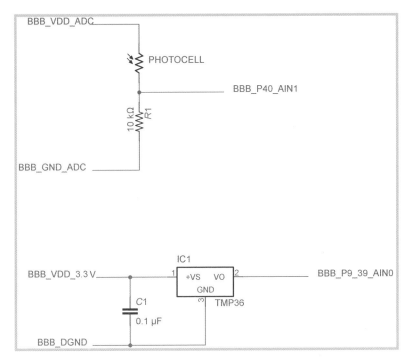

图10.6 在项目中添加感光元件后的电路原理图

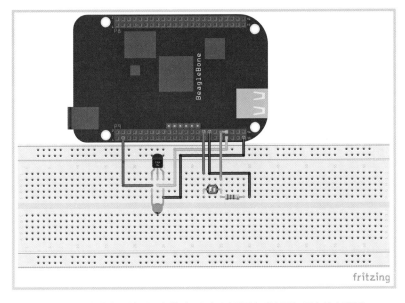

图10.7 将感光元件和温度传感器添加到项目之后在面包板上的电路图

我们使用一个阻值为 10 kΩ 的电阻作为分压器。在我们这个例子中，校准是非常容易的，因为我们不是在寻找一个具体的光照强度，而只是想寻找一个触发点，在这个触发点之下，灯被认为是从开转换为关。电压越高，房间内的灯光就越亮。正如从感光元件的数据手册中看到那样，房间越亮，感光元件的电阻就越低。设置一个类似于上一章的表9.1中的电位器表格，我们通过分压器的方程可以知道，电阻越高，电压就越低（见表10.1）。亮度与电阻成反比，电阻与输出电压成反比，所以输出电压与亮度成正比。

表10.1 光电（感光元件）分压器

输入（V）	感光元件（Ω）	电阻（Ω）	输出（V）
1.8	1000	10000	1.64
1.8	10000	10000	0.90
1.8	100000	10000	0.16
1.8	1000000	10000	0.02

在测试过程中，实验表明灯在 0.15V 以下是处于关闭状态的。清单 10.1 中用来采样的代码与用在温度传感器中的代码类似，除了两点例外：额外使用了一个 ADC 的引脚和一个新的方程。这个方程用来检验灯处于"打开"状态时候的阈值。函数的具体实现在清单 10.2 中独自列了出来。

清单 10.2 photo_collection.py（第27~40行）

```
27. def lights_on(volts, threshold=0.15):
28.  ''''' Returns True or False is the lights are on or off
29.
30.  Keyword arguments:
31.  volts - ADC reading in volts (Required)
32.  threshold - value above which the lights are off
33.
34.  Return:
35.  Boolean of light status
36.  '''
37.  if volts > threshold:
38.      return True
39.  else:
40.      return False
```

你现在知道如何同时收集两组数据,现在来看看如何把它们整合到一个程序中去。我们将这个程序命名为 environment_monitor.py。它与其他收集数据的程序的不同点主要有:增加了如清单 10.1 中所示的校准函数、清单 10.2 中所示的光强检测函数以及主程序中运行的数据收集 / 输出。我们还应该将采样率修改为每隔 5 分钟,即 0.0033Hz。对于并不经常变换的参数,我们真不需要实时数值。

```
temperature = tmp36_v_to_t(read_adc_v(TMP36_PIN))
lights_status = lights_on(read_adc_v(PHOTO_PIN))
print'Temperature: {:.2f} C Lights: {}'.format(temperature,
                            lights_status)
time.sleep(1/SAMPLE_RATE)
```

现在我们有了一个小程序,它被设置为每两秒读取一次传感器的值并将结果输出到控制台,你需要确定是否对这满意。也许你想做更多的东西。根据本书最开始的清单,我们在本章中有两个目标:收集数据并将数据发布到网络存储空间。

10.4　发布传感器数据

下一步要做的就是将数据发布到互联网上。有很多方法可以实现这个目标,有的方法可以非常先进。作为基本演示,我们将采用一个非常简单的方法。

SparkFun 提供一种数据服务,网址是 http://data.sparkfun.com。这个网址提供将数据发布到 SparkFun 服务器的非常简单的接口。存放在这里的数据可以方便地从 Web 访问或者被其他应用程序使用。

安全警告

放置在这个服务器上的数据是公开的,读者不应该把不想和别人分享的信息放置在这个网站。

怎样开始发布数据呢?首先,读者需要登录网站并单击"创建"按钮来创建一个数据流,如图 10.8 所示。

图10.8　在data.sparkfun.com上创建一个数据流

单击"创建"按钮就会打开一个新的页面，在新页面上填写以下字段（下面所示的输入只是作为例子）。

- 标题——BeagleBone Black初级环境监控。

- 描述——作者办公室的温度和光强。

- 在公开的数据流列别表中显示？——是。

- 字段——温度，lights_on。

- 数据流别名——BeagleBone Black_primer_chapter10。

- 标签——教程，BeagleBone Black。

- 地点——哥伦比亚，马里兰州。

输入这些信息之后单击保存。接下来的页面提供了很多重要的信息。这里建议你单击"将信息通过电子邮件发送"的选项来保存这些信息。这些字段如下所示：

```
<s$Ipublishing;environment_monitor.py results>
```

- Public URL/ 公共 URL。

- Public Key/ 公钥。

- Private Key/ 私钥。

- Delete Key/ 删除密码。

你会在接下来的例子中看到如何使用这些字符串。**Private Key** 和 **Delete Key** 是很重要的，因为它们的功能分别是允许更新数据流和删除数据流。此外，会在这些网页上发现发布数据的一些例子，但是我们将要采用的是更为简单的方法。我们将使用 Python 库与 Phant 服务器交互。Phant 是支撑网站 data.sparkfun.com 的底层技术。为了做到这一点，首先需要在 BeagleBone Black 上使用 pip 在命令行来安装 python-phant 库，如下所示。

```
root@beaglebone:/bbb-primer/chapter10# pip install phant
Downloading/unpacking phant
 Downloading phant-0.4.tar.gz
 Running setup.py egg_info for package phant

Downloading/unpacking requests (from phant)
 Downloading requests-2.5.1.tar.gz (443Kb): 443Kb downloaded
 Running setup.py egg_info for package requests

Installing collected packages: phant, requests
 Running setup.py install for phant

 Running setup.py install for requests

Successfully installed phant requests
Cleaning up...
```

你会看到这条命令不仅会安装 phant 库，还会安装 requests 库。库 requests 提供了 HTTP 接口，通过这个接口，phant 库会使得一切变得非常简洁和易用。这些使得整个过程变得非常简单。可以继续添加一些新的代码到 environment_monitor.py 上来实现快速登录。python-phant 网站给出了一些非常简单的例子（http://github.com/matze/python-phant）。

如果我们仔细阅读 environment_monitor.py（清单 10.3）里的代码，会注意到首先需要引入 phant 函数库：

```
import phant
```

然后将之前获得的 Public Key 和 Private Key 添加到源代码中。注意最好将这些加入到源代码顶部的常量部分，以便在后续需要修改的时候可以快速地找到它们。

```
PHANT_PRIVATE_KEY = 'lzPWybq77pFevXD4gYJV'
PHANT_PUBLIC_KEY = 'RMGJoAgbbqiGnRd64bLM'
```

接下来，我们在主程序中添加代码来初始化 Phant 库。

```
sparkfun_data = phant.Phant(PHANT_PUBLIC_KEY,
                'temperature', 'lights_on',
                private_key=PHANT_PRIVATE_KEY)
```

这就是所有需要改变的地方。现在已经有了一个可以运行的程序，如清单10.3
所示。这个程序会收集数据并将它发布到网络上！这个程序还包括了一个将摄
氏温度转换成华氏温度的函数，因为我所在地方使用的标准是华氏温度。可以
简单地将实现转换功能的那一行注释掉来跳过这种转换。注意，这里设置了发
布数据到 data.sparkfun.com 服务器上的速率限制：每15分钟只发布100个数据
点，也就是每个数据点之间相隔的时间大概是平均9 s。这也可能会每15分钟一
次性传输100个数据点。

清单10.3　environment_monitor.py

```
1.  #!/usr/bin/env python
2.
3.  import Adafruit_BBIO.ADC as ADC
4.  import time
5.  import phant
6.
7.  # Configue the ADC
8.  ADC.setup()
9.
10. # Define program constants
11. TMP36_PIN  = 'AIN0'
12. PHOTO_PIN  = 'AIN1'
13.
14. PHANT_PRIVATE_KEY = 'lzPWybq77pFevXD4gYJV'
15. PHANT_PUBLIC_KEY  = 'RMGJoAgbbqiGnRd64bLM'
16.
17. SAMPLE_RATE = 0.0033  # Hertz
18.
19. def read_adc_v(adc_pin, adc_max_v=1.8):
20.   ''' Read a BBB ADC pin and return the voltage.
21.
22.   Keyword arguments:
23.   adc_pin -- BBB AIN pin to read (required)
24.   adc_max_v -- Maximum voltage for BBB ADC (default 1.8)
```

```
25.
26.    Return:
27.    ADC reading as a voltage
28.
29.    Note: Read the ADC twice to overcome a bug reported in the
30.    Adafruit_BBIO library documentation.
31.    '''
32.    ADC.read(adc_pin)
33.    return ADC.read(adc_pin) * adc_max_v
34.
35. def tmp36_v_to_t(volts):
36.    ''' Calibration function for the TMP36 Temperature sensor.
37.
38.    Keyword arguments:
39.    volts - TMP36 reading in Volts
40.
41.    Return:
42.    Reading in degC
43.    '''
44.    return (100 * volts) - 50
45.
46. def lights_on(volts, threshold=0.15):
47.    ''' Returns True or False is the lights are on or off
48.
49.    Keyword arguments:
50.    volts  - ADC reading in volts (Required)
51.    threshold - value above which the lights are off
52.
53.    Return:
54.    Boolean of light status
55.    '''
56.    if volts > threshold:
57.        return True
58.    else:
59.        return False
60.
61. def celsius_to_fahrenheit(degrees_celsius):
62.    ''' Returns the the input celsius temperature as fahrenheit
63.
64.    Keyword arguments:
```

```
65.    degrees_celsius - ADC reading in volts (Required)
66.
67.    Return:
68.    Temperature in fahrenheit
69.    '''
70.    return (degrees_celsius * 1.8) + 32
71.
72. if __name__ == '__main__':
73.
74.    # Execute until a keyboard interrupt
75.    try:
76.
77.        sparkfun_data = phant.Phant(PHANT_PUBLIC_KEY,
78.                        'temperature', 'lights_on',
79.                        private_key=PHANT_PRIVATE_KEY)
80.
81.        while True:
82.            temperature = tmp36_v_to_t(read_adc_v(TMP36_PIN))
83.            temperature = celsius_to_fahrenheit(temperature)
84.            lights_status = lights_on(read_adc_v(PHOTO_PIN))
85.            sparkfun_data.log(temperature, lights_status)
86.            time.sleep(1/SAMPLE_RATE)
87.
88.    except KeyboardInterrupt:
89.
90.        pass
```

10.5　开始收集数据

现在只剩下一个目标：开始收集数据并在BeagleBone Black启动时自动发布它。

现在只需要在BeagleBone Black开机时启动程序。清单10.3中已经给出了我们首先需要做的事，即在顶部添加一行新代码：

```
#!/usr/bin/env python
```

随着这一行的加入，我们已经让Python文件变得独立可执行，而不需要通过调用Python解释器来运行。通过chmod命令修改一个文件的权限来让它变得可执行。随着将权限设置为"可执行"，智能的Linux操作系统会检查文件的第一行并通过Python解释器自动执行文件。命令中的755是一个八进制数（这是一个基数为8的计数系统）。设置正确的权限位，让文件变成可执行文件。

```
root@beaglebone:/bbb-primer/chapter10# chmod 755 environment_monitor.py
```

下一步要做的是设置Linux在系统启动的时候以系统服务的形式启动这个程序。需要使用Linux系统服务语言来编写一个脚本，将它复制到目录"/etc/init.d/"下并将其设置为可执行（见清单10.4）。这里我们不会详细地介绍编写shell脚本的具体细节，但是在这个过程的最后我会突出介绍几行有意思的代码：

清单10.4　environment_monitor.sh

```
1.  #!/bin/sh
2.
3.  ### BEGIN INIT INFO
4.  # Provides:      environment_monitor.sh
5.  # Required-Start: $all
6.  # Required-Stop:  $all
7.  # Default-Start: 2 3 4 5
8.  # Default-Stop:  0 1 6
9.  # Short-Description:      Monitor environmental variables and publish them.
10. # Description:           Monitor environmental sensors connected the
11. #                        BeagleBone Black and push the data to
12. #             data.sparkfun.com
13. ### END INIT INFO
14.
15. ########################################################################
16. # environment_monitor.sh service start script
17. #
18. # Adapted from Stephen C Philips' example script. For starting a
19. # Python script as a service. (http://blog.scphillips.com/)
20. ########################################################################
21.
22. # Change the next 3 lines to suit where you install your script and
23. # what you want to call it
24. DIR=/root/bbb-primer/chapter10/
25. DAEMON=$DIR/environment_monitor.py
26. DAEMON_NAME=environment_monitor
27.
28. # Add any command line options for your daemon here
29. DAEMON_OPTS=""
```

```
30.
31. # This next line determines what user the script runs as.
32. # Root generally not recommended but necessary if you are using the
# Adafruit GPIO library from Python.
33. DAEMON_USER=root
34.
35. # The process ID of the script when it runs is stored here:
36. PIDFILE=/var/run/$DAEMON_NAME.pid
37.
38. . /lib/lsb/init-functions
39.
40. do_start () {
41.   log_daemon_msg "Starting system $DAEMON_NAME daemon"
42.   start-stop-daemon --start --background --pidfile $PIDFILE \
43.                     --make-pidfile --user $DAEMON_USER \
44.                     --chuid $DAEMON_USER --startas $DAEMON \
45.                     -- $DAEMON_OPTS
46.   log_end_msg $?
47. }
48. do_stop () {
49.   log_daemon_msg "Stopping system $DAEMON_NAME daemon"
50.   start-stop-daemon --stop --pidfile $PIDFILE --retry 10
51.   log_end_msg $?
52. }
53.
54. case "$1" in
55.
56.   start|stop)
57.     do_${1}
58.     ;;
59.
60.   restart|reload|force-reload)
61.     do_stop
62.     do_start
63.     ;;
64.
65.   status)
66.     status_of_proc "$DAEMON_NAME" "$DAEMON" && exit 0 || exit $?
67.     ;;
68.   *)
```

```
69.     echo \
70.     "Usage: /etc/init.d/$DAEMON_NAME {start|stop|restart|status}"
71.     exit 1
72.     ;;
73.
74. esac
75. exit 0
```

下一步是将这个脚本复制到目录etc/init.d下，并将其属性设置为可执行。

```
root@beaglebone:/bbb-primer/chapter10# cp environment_monitor.sh \
/etc/init.d
root@beaglebone:/bbb-primer/chapter10# cd /etc/init.d
root@beaglebone:/etc/init.d# chmod 755 environment_monitor.sh
```

把我们编写的程序变为系统服务的最后一个步骤是通过程序insserv来把它安装为系统服务。这个程序将读取清单10.4中第3行到第12行的特殊注释。这些代码为系统服务提供程序执行时的不同属性的信息。最重要的是required-start和required-stop，它们通过关键字$all来告诉系统先启动其他已经计划的服务，然后再启动我们的服务。首先通过设置-n参数来调用insserv程序来测试安装。这个过程不会有任何实质性的动作，只是通过测试来确保我们之后不会出现任何错误。如果一切顺利，那么接下来运行不带-n参数的insserv命令，如下所示。

```
root@beaglebone:/etc/init.d# insserv -n \
/etc/init.d/environment_monitor.sh
insserv: enable service ../init.d/environment_monitor.sh ->
/etc/init.d/../rc0.d/K01environment_monitor.sh
insserv: enable service ../init.d/environment_monitor.sh ->
/etc/init.d/../rc1.d/K01environment_monitor.sh
insserv: enable service ../init.d/environment_monitor.sh ->
/etc/init.d/../rc2.d/S06environment_monitor.sh
insserv: enable service ../init.d/environment_monitor.sh ->
/etc/init.d/../rc3.d/S06environment_monitor.sh
insserv: enable service ../init.d/environment_monitor.sh ->
/etc/init.d/../rc4.d/S06environment_monitor.sh
insserv: enable service ../init.d/environment_monitor.sh ->
/etc/init.d/../rc5.d/S06environment_monitor.sh
insserv: enable service ../init.d/environment_monitor.sh ->
/etc/init.d/../rc6.d/K01environment_monitor.sh
insserv: dryrun, not creating .depend.boot, .depend.start,
```

```
and .depend.stop
root@beaglebone:/etc/init.d# insserv \
```

/etc/init.d/environment_monitor.sh

最后一步是重启BeagleBone Black。当系统启动完成后，可以通过我们服务脚本的status特性来检查服务是否在运行。

```
root@beaglebone:/etc/init.d# shutdown-r now && logout

login as: root
Debian GNU/Linux 7

BeagleBoard.org BeagleBone Debian Image 2014-05-14

Support/FAQ: http://elinux.org/Beagleboard:BeagleBoneBlack_Debian
Last login: Sat Feb 21 16:23:48 2015 from titan.home
root@beaglebone:# /etc/init.d/environment_monitor.sh status
environment_monitor.service - LSB: Monitor environmental variables
and publish them.
    Loaded: loaded (/etc/init.d/environment_monitor.sh)
    Active: active (running) since Fri, 16 May 2014 03:34:35
+0000; 9 months and 7 days ago
     Process: 581 ExecStart=/etc/init.d/environment_monitor.sh
start (code=exited, status=0/SUCCESS)
        CGroup: name=systemd:/system/environment_monitor.service
                └684 python /root/bbb-primer/chapter10//environ

ment_mon...
```

结果显示服务正在运行！现在可以通过注册时获得的URL和秘钥来登录data.sparkfun.com网站，如图10.9所示。

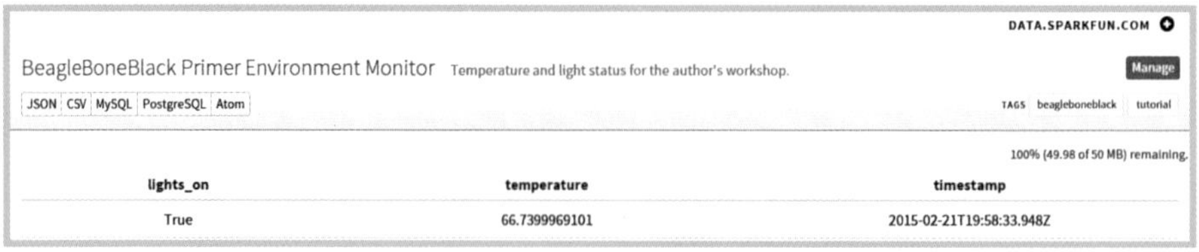

图10.9　从程序发送到data.sparkfun.com网站的一行数据

这里我们甚至可以选择单击左上角的CSV按钮来下载整个数据集。下载的数据可以被轻松地导入到其他软件，如Microsoft Excel，然后通过它来绘制一段时间内的结果，如图10.10所示。

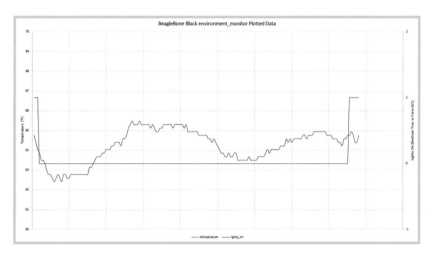

图10.10　绘制从environment_monitor程序监控到的数据

如果你决定彻底卸载这个服务，那么只需要停止服务，用insserv将其删除，并删除"/etc/init.d/ directory"目录中的文件。整个执行过程如下所示：

```
root@beaglebone:# /etc/init.d/environment_monitor.sh stop
[....] Stopping environment_monitor.sh (via systemctl):
environment_monitor.serv[ o.
root@beaglebone:# insserv -r /etc/init.d/environment_monitor.sh
root@beaglebone:# rm /etc/init.d/environment_monitor.sh
root@beaglebone:# shutdown -r now && logout
```

当系统重新启动后，数据收集不会再自动启动。

现在，你已经牢牢掌握如何从外部世界收集一些数据。读者可以想想如何来监控你周围的世界。在下一章中，我们会学习有关驾驶执行器和指标器的相关知识。

11

第11章　与外部世界交互（Ⅱ）：反馈与驱动器

我们已经讨论了很多有关感知周围世界和获取数据的不同方法。这一章我们介绍如何在物理世界中使用驱动器。在第9章中，你已经了解到传感器是一种换能器。回顾一下：换能器是将一种能量作为输入，然后以另一种能量的形式输出。通过传感器我们可将一种物理现象转换成某种形式的电信号。而在驱动器中，上述转换过程是相反的，即将电信号转换为一种物理现象。

你已经知道如何将光这种物理现象转换为电信号，也已经使用过几次LED，甚至使用了LCD液晶显示器来传输信息和状态。然而到目前为止，我们还没有接触到与反馈和驱动器相关的三极管，这些三极管经常和类似于BeagleBone Black这样的开发板结合使用。因此本章我们将先讨论三级管。

11.1　控制电流

还记得前几章在GPIO引脚上使用电流时的担忧吗？当时我们尽量选择较暗的、消耗功率低的LED。如果想使用一个更明亮、消耗功率更多的LED呢？这时候就需要用到另一种基本的电子元件：三极管。为什么三极管很重要？因为大部分反馈系统和驱动器所需的电流比BeagleBone Black的GPIO引脚能提供的电流要高得多。通过三极管我们可以很容易做到这一点。

你应该经常听到三极管这个词，但可能不明白它的确切作用是什么。我们可以用很多方式来理解三极管的工作原理，但说到底可以简单地认为三极管的作用是一个开关。一个比较复杂的例子：我们想通过BeagleBone Black的GPIO引脚来打开一个亮度较高的LED，但这里我们不使用三极管。图11.1给出了一个看起来很"奇怪"的电路原理图，因为这里通过一根手指来控制开关（下面姑且称这个电路图为"手控电路"）。

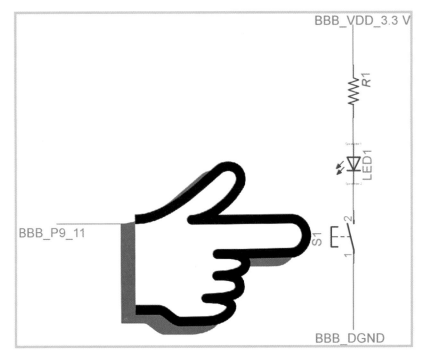

图11.1　"奇怪"的手控电路

很显然，手控电路并不会成为一个项目电路图的标准组件，在这里它被用来作为触发按钮。为什么要按下按钮？因为当P9_11被打开时你的手指可能会感受到电击带来的刺痛。当这种刺痛迫使你按下开关时，电流就会从BeagleBone Black的3.3V系统电源流出，然后流经开关并开启LED。在我们生活的现实世界里，可以通过三极管来取代手控电路中的开关。图11.2给出了具有同样效果的电路图，但那里使用的是三极管。

从手控电路来理解三极管的作用是非常易懂的，给三极管的其中一极供电就可以打通另一极。只需要了解三极管的一些基本知识便可以在电路中获得更高的电流。

正如从图11.2中所看到的，三极管有3个连接端口，称为双结型三级管（bi-junction transistor，BJT），这三级分为基极、集电极和发射极。图11.3给出了这3个极在电路图中的两种不同表示方式。基极通常被放置在左侧，但并不总是如此。不过请记住，在电路图中基极通常被放置在三极管的中间位置。

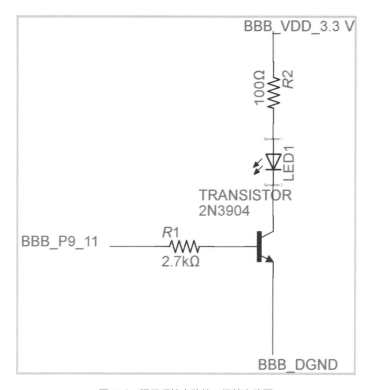

图11.2　强于手控电路的三极管电路图

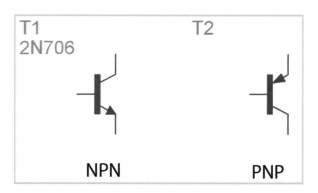

图11.3　两种不同类型的三极管

此外，总有一个连接端口是有箭头标识的，它是发射极。通过排除法，剩下的那一极是集电极。两种不同类型的三极管的区别就是集电极和发射极的位置不一样（两者的位置对调了一下）。它们通过半导体材料的配置以及基极、集电极和发射极所连接的半导体材料来表示。假设基极在左侧，发射极在底部并且箭头指向是远离三极管，那么这种三极管被称为NPN。这里的N和P是指N型和P型半导体材料，而NPN的排列顺序表明它们是如何应用于三极管中的。另一种类型的三极管是PNP。这里有一个很好的基于发射极箭头指向的助记符来区分这两种不同类型的三极管：

```
NPN = Not Pointing iN
```

那么这两者之间的区别是什么呢？它们的区别有很多，有些比较深入，但因为我们在这里只是使用它们，所以仅需要了解一些重要的差异：三极管的功能更像是一个阀门而不是开关，但这里我们只专注将其作为开关使用。当一个电流被加载到基极时，NPN三极管会被打开，而PNP三极管会关闭。此外，基于当前使用的是NPN还是PNP三极管，读者需要将连接的设备放置到不同侧。当使用NPN的时候，负载应该放置在三极管之前；如果使用的是PNP，负载应该连接在三极管之后。负载总是连接到三极管上有箭头的一极对面的那一极。图11.4给出了使用PNP三极管时的电路原理图。这份原理图与图11.2类似，只不过图11.2使用的是NPN三极管。

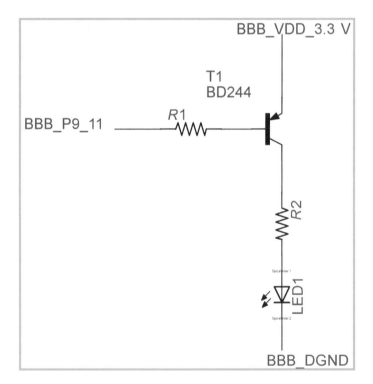

图11.4　使用PNP型三极管（而不是图11.2中的NPN三极管）来驱动LED

如前所述，你可以通过电流来打开或者关闭三极管。而电流可以通过设置GPIO的引脚输出高或低来控制，但也只能控制电流流通或者不流通。可以通过电阻来控制电流的大小，就像之前的章节中提到的对LED的操作那样。选择合适的电阻是很容易的，需要用到之前介绍的$V=I \times R$方程。三极管有一个导通电压，到达这个电压后限量的电流将流经基极。太高的电压不仅有可能会损坏BeagleBone Black上的GPIO引脚，而且还有可能损坏三极管。怎么知道导通电压呢？查阅其数据手册即可！

2N3904是一种常见的NPN三级管，它需要施加至少0.6V电压才能被导通，这就是所谓的饱和电压。但是三极管只能允许5mA的电流通过基极，而BeagleBone Black只能允许8mA的电流。为了安全起见，我们设置从GPIO输出1mA的电流来控制LED。而LED的实际供电来自于3.3V系统电源。

现在就可以像之前章节中计算LED限流电阻一样来使用$V=I \times R$方程：

$$V = I \times R$$

$$R = \frac{V_{source} - V_{saturation}}{I_{max}}$$

$$R = \frac{3.3V - 0.6V}{0.001A} = \frac{2.7V}{0.001A} = 2\,700\Omega\ (2.7k\Omega)$$

基极需要约2.7kΩ的电阻。我的元器件库中确实有一个2.7kΩ的电阻。这个真的可以么？如果把这个电阻值代入到之前的3.3V公式，就会得到输出的电流大小：

$$V = I \times R$$

$$I = \frac{V}{R} = \frac{3.3V}{2700\Omega} = 0.0012A\ (1.2mA)$$

接下来需要计算的是限流电阻。我们将使用一个5mm的红色LED，它的压降为1.8V，最大的流经电流建议值为16mA。将这些值代入方程就可以算出相应的电阻值：

$$V = I \times R$$

$$R = \frac{V_{source} - V_{forward}}{I_{max}}$$

$$R = \frac{3.3\text{V} - 1.8\text{V}}{0.016\text{A}} = \frac{1.5\text{V}}{0.016\text{A}} = 93.75\Omega$$

就像在之前章节中控制LED时一样，你不可能有阻值精确为93.75Ω的电阻。不过，一个100Ω的电阻就足够了。图11.2的原理图已经给出了这些值。在面包板上搭建这个电路的情况如图11.5所示。

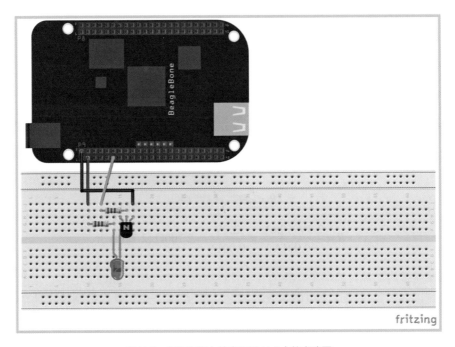

图11.5　在面包板上的实现图11.2中的电路图

控制LED闪烁的源代码是非常简单的，如清单11.1所示。注意第5行的频率被设定为1Hz，但休眠的语句中这个值被除以2。因为在这里一个周期被定义为从LED被打开到其下一次被打开之间的时间间隔，即一个完整的周期。

相比前面章节介绍的例子，这里的源代码似乎显得微不足道。但这里需要重点注意的是，我们正在使用一个比以前更大更亮的LED。三极管将是我们的学习过程中强大的伴侣，它是现代电子的核心。除了BJT，还有其他类型的三极管，比如MOSFET。它可以满足更高的功率需求和具有更快的打开和关闭速度。

清单 11.1　blink.py

```
1.   import Adafruit_BBIO.GPIO as GPIO
2.   import time
3.
4.   LED_PIN   = 'P9_11'
5.   FREQUENCY = 1 # Hz
6.
7.   if __name__ == '__main__':
8.
9.       state = GPIO.LOW
10.      GPIO.setup(LED_PIN, GPIO.OUT)
11.      GPIO.output(LED_PIN, state)
12.
13.      try:
14.          while True:
15.            if state is GPIO.LOW:
16.                state = GPIO.HIGH
17.            else:
18.                state = GPIO.LOW
19.
20.              GPIO.output(LED_PIN, state)
21.              time.sleep((1/FREQUENCY)/2)
22.
23.      except KeyboardInterrupt:
24.        GPIO.cleanup()
```

11.2　调光

假设现在我们想实现更多的 LED 控制功能，比如调光（即调整 LED 的亮度）。你知道 LED 的数据手册已经规定其所需的工作电压和电流。因此不宜通过更低的电压来调暗 LED。正确的做法是控制 LED 开关的速度和持续时间，即使用所谓的脉冲宽度调制（Pulse-Width Modulation，PWM）。

试想一下，我们开始用更快的速度来打开和关闭 LED。打开和关闭之间的差异随着开关速度的增加开始变得区分不开。在达到一定的速度后，LED 对于我们的眼睛来说会像是一直打开的，只是不那么亮。这就是 PWM 背后的原理。

为了更好地让读者理解PWM，我们用一个特定频率的方波来演示。我们把频率设置为1Hz，并把硬件电路连接到一个PWM口。此时会发现可以用简单的代码来实现上面的功能。这里使用如图11.6所示的P9_14引脚，因为它有一个PWM输出模式。相应的代码如清单11.2所示，从这里可以看出源代码是多么的简单。

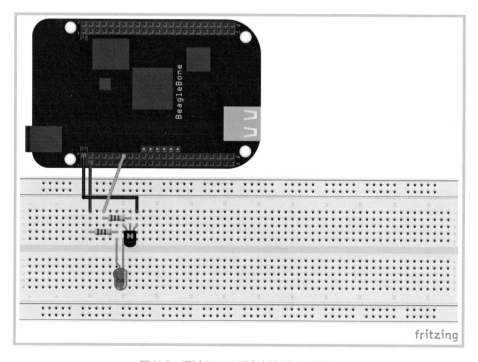

图11.6   通过P9_14引脚来控制LED闪烁

清单11.2   pwm_blink.py

```
1.   import Adafruit_BBIO.PWM as PWM
2.
3.   LED_PIN   = 'P9_14'
4.   FREQUENCY = 1  # Hz
5.
6.   if __name__ == '__main__':
7.
8.     try:
9.       PWM.start(LED_PIN, 50, FREQUENCY)
```

```
10.
11.      while True:
12.        pass
13.
14.    except KeyboardInterrupt:
15.      PWM.stop(LED_PIN)
16.      PWM.cleanup()
```

清单11.2就是这些非常简单的代码！大部分的代码只有在程序启动时候才执行。这里的while循环什么都不做，PWM硬件将完成所有的工作。所以当LED闪烁的时候，你可以做其他事情。清单11.2中调用PWM.start()函数时传递的3个参数分别是使用的引脚、占空比和频率。你很熟悉这里使用的引脚了，之前也介绍过频率。但这里的占空比是一个新的名词。占空比，就像这个方程中所使用的一样，定义在一个周期的时间内，电平处于高状态时的时间（在我们这个例子中是50%）。图11.7给出了清单11.2中的代码在示波器上的输出结果（这里频率被设置为1kHz）。

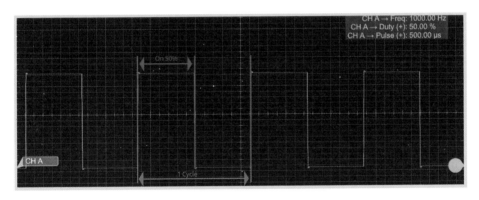

图11.7　BeagleBone Black的PWM端口在频率设置为1kHz，占空比设置为50%时的输出结果

如果设置占空比为25%，会看到处于高状态的时间只有整个周期的25%。如果占空比被设置为100%，那么信号会一直为高状态。图11.8给出了占空比分别为25%和90%时的输出结果。这里演示的占空比为90%而不是100%，因为在占空比为100%时的输出结果只是一条直线。

这个方法带来的直接结果就是当设置的占空比为某个值（如50%）时，其亮度看上去也是持续在亮的灯的亮度的50%。因此可以通过PWM来控制灯的亮度。

事实上，控制LED闪烁的代码和PWM代码结合后便可以用来调整LED的亮度，而不需要突然开启和关闭LED（见清单11.3）。

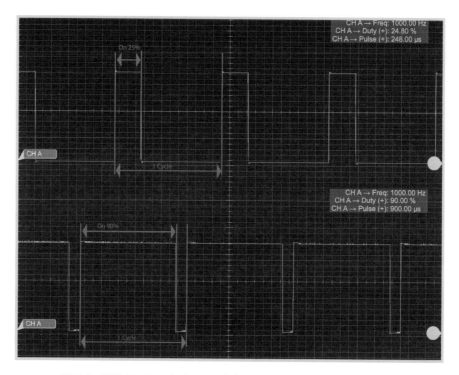

图11.8　PWM在1kHz频率下，占空比分别为25%和90%时的输出结果

清单11.3　pwm_fade.py

```
1.  import Adafruit_BBIO.PWM as PWM
2.  import time
3.
4.  LED_PIN = 'P9_14'
5.  PWM_FREQUENCY = 1000   # Hz
6.  BLINK_FREQUENCY = 1    # Hz
7.
8.  if __name__ == '__main__':
9.      step_size = 1
10.     brightness = 0
11.     fade_wait = ((1/float(BLINK_FREQUENCY))/2) / (100/float(step_size))
12.     PWM.start(LED_PIN, 0, PWM_FREQUENCY)
13.
```

```
14.    try:
15.       while True:
16.
17.          while brightness < 100:
18.             brightness = brightness + step_size
19.             PWM.set_duty_cycle(LED_PIN, brightness)
20.             time.sleep(fade_wait)
21.
22.          while brightness > 0:
23.             brightness = brightness - step_size
24.             PWM.set_duty_cycle(LED_PIN, brightness)
25.             time.sleep(fade_wait)
26.
27.    except KeyboardInterrupt:
28.       PWM.stop(LED_PIN)
29.       PWM.cleanup()
```

11.3　振动电机

虽然学习如何更先进和安全地使用LED灯是非常重要的，但与周围世界互动的真正方法是使用驱动电机，它可以使物体移动或振动。电机背后的工作原理很简单，你应该已经在物理课上学过有关它们的知识，这里就不详细介绍了。其基本思想是通过电线的线圈（读者正在学习如何操作它）来感应磁场，然后磁场与其他形式的磁体和金属发生作用力而使物体移动。这非常简单！

我们先来看看如何用三极管来控制电机。这是一个基础的例子，电机的供电来自于BeagleBone Black开发板的电源。电机是振动电机，就像读者在一部手机里发现的那样。这是提供警报的一个最佳方式，因为它可以很好地引起我们的注意。电机可以使用3.3V电压供电，并仅需要80～100mA的电流。这个功率对于GPIO引脚来说是太高了，但对常规的3.3V电源来说还是应付得了的。如果使用其他的电机，则可能需要额外的独立于BeagleBone Black开发板的电源来供电。

图11.9给出了配置振动电机的示意图。这里有几个值得注意的有趣的地方。首先，我们在P9_11引脚增加了一个下拉电阻。第8章中提到了引脚实际上有一个内置的、可配置的上拉和下拉电阻。对于P9_11或GPIO30，在默认配置下，这些电阻是被禁用的。这意味着在没有导入（在这种情况下使用Adafruit_GPIO库）这个引脚时，它是处于悬空状态的。悬空电压可能刚好可以驱动三极管，这样

就会有泄露电流流经电机。因此当这个引脚没有被程序使用时，我们添加了一个下拉电阻。一个更长久的解决方法是通过一个默认启动的 overlay 设备树脚本将这个引脚配置成默认启用下拉电阻。

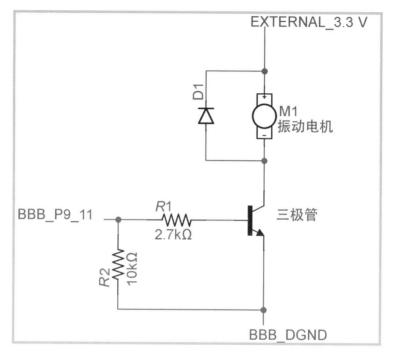

图11.9　基本的振动电机电路

在图11.9中还可以看到一个类似LED符号的元器件被放置在电机的输入端。这其实只是一个控制电流流向的普通二极管。电流只能从它的一端流向另一端。电路中包含电机这种使用线圈和电磁铁的元器件的时候，当电路断开时，电路中的机械装置并没有立刻停止。虽然线圈没有移动，但是机械装置还在移动，这样电机就变成了一个具有感应线圈的发电机。在电路中添加一个二极管可以确保产生的电量能够通过发热消逝，而不会流经不想让它去的地方。清单11.4给出了控制该电机的源代码。

清单11.4　alert.py

```
1.  import Adafruit_BBIO.GPIO as GPIO
2.  import time
3.
4.  MTR_PIN   = 'P9_11'
```

```
5.  FREQUENCY = 1  # Hz
6.
7.  if __name__ == '__main__':
8.
9.      GPIO.setup(MTR_PIN, GPIO.OUT)
10.     GPIO.output(MTR_PIN, GPIO.LOW)
11.
12.     # Pulse for 0.5 seconds
13.     GPIO.output(MTR_PIN, GPIO.HIGH)
14.     time.sleep(0.5)
15.     GPIO.output(MTR_PIN, GPIO.LOW)
16.
17.     GPIO.output(MTR_PIN, GPIO.LOW)
18.     GPIO.cleanup()
```

此代码与之前看到的执行一次就退出的代码有些不同。这是因为我们只希望电机报警一次，而不是持续报警。你可以把它复制到定义在另一个程序中的函数，并通过调用它来触发报警。这里使用的电机非常小，所以仅需非常低的电流。如果需要复杂的运动（从电路的角度来看其实很简单），那么可以使用一个伺服电机。

11.4 伺服电机

伺服电机在许多项目中非常有用是因为它有一个内置的反馈系统。这意味着可以控制电机运动到一个特定的位置，通常在180°的范围内。它还使用了一个非常简单的电机位置控制系统，非常类似之前在控制LED时使用的脉宽调制。事实上所有的伺服都只有3个接口：电源、接地和信号。该控制系统被称为脉冲位置调制（Pulse-Position Modulation，PPM）。这里唯一的区别是PPM以实际的脉冲宽度作为时间的函数，而不是PWM中使用的百分比。

每个伺服都是不同的，但一般在60Hz脉冲频率时，脉冲宽度在0.5～2.5ms范围对应这伺服的角度为0°～180°。这意味着，只要发送一个脉冲，脉冲在1/60s内的宽度内为0.5ms时，伺服的位置在0°；同理，为2.5ms时伺服的位置在180°。其他所有的位置与时间是线性关系，其数学表达式是非常简单的。

之前调整LED亮度时使用的PWM Adafruit_BBIO库也可以用来控制伺服。只需要将这些脉冲持续时间转换为控制LED时所用的占空比就可以了。将脉冲宽度换算为时间是非常容易计算的。

$$\text{width}_\% = \text{width}_t \cdot \text{frequency}$$

通过这个公式可以计算出所有在伺服数据手册中定义的脉冲宽度对应的占空比。需要注意的是脉冲时间一般用毫秒，而上面的方程中使用的是秒，所以需要转换它们。清单11.5给出了这些计算并调用了PWM库来扫描整个180°范围。

清单11.5　servo.py

```
1.  import Adafruit_BBIO.PWM as PWM
2.  import time
3.
4.  SERVO_PIN = 'P9_14'
5.  ANGLE_RANGE = [0, 180]  # degrees
6.  PPM_RANGE = [0.5, 2.4]  # milliseconds
7.  PPM_FREQUENCY = 50  # Hertz
8.
9.
10. def ppm_to_pwm(ppm, frequency):
11.   ''' Convert from a PPM pulse width to a PWM duty cycle
12.
13.   Keyword arguments:
14.   ppm   -- PPM pulse width in milliseconds
15.   frequency -- PPM frequency in Hertz
16.
17.   Return:
18.   PWM duty cycle as a percent over 0 to 100
19.   '''
20.   return ((ppm / 1000) * frequency) * 100
21.
22. if __name__ == '__main__':
23.
24.   # Calculate some variables needed in angle calculation
25.   angle_delta = ANGLE_RANGE[1] - ANGLE_RANGE[0]
26.   ppm_delta = PPM_RANGE[1] - PPM_RANGE[0]
27.   ppm_per_degree = ppm_delta / float(angle_delta)
28.
29.   # Initialize the PWM and go to the lowest PPM
30.   start_position = ppm_to_pwm(PPM_RANGE[0], PPM_FREQUENCY)
31.   PWM.start(SERVO_PIN, start_position, PPM_FREQUENCY)
32.
33.   # Work through the full range of positions
34.   for angle in range(ANGLE_RANGE[0], ANGLE_RANGE[1]):
```

```
35.        relative_angle = angle - ANGLE_RANGE[0]
36.        relative_ppm = relative_angle * ppm_per_degree
37.        absolute_ppm = relative_ppm + PPM_RANGE[0]
38.        duty_cycle = ppm_to_pwm(absolute_ppm, PPM_FREQUENCY)
39.        PWM.set_duty_cycle(SERVO_PIN, duty_cycle)
40.        time.sleep(0.1)
41.
42.        PWM.stop(SERVO_PIN)
43.        PWM.cleanup()
```

ppm_to_pwm方程提供从毫秒到秒和从0~1到0~100%的转换。从数据手册中可以看到这是一个180°的伺服和其对应的PPM数值，但这些都需要通过实验来调整到实际的数字。每个伺服的表现会有少许不同。图11.10给出了一个外接+6 V电源的伺服在面包板上的电路图。这里使用外接电源是因为相比BeagleBone Black，使用外部电源可以让伺服快速获得更高的功率。伺服系统除了+5 V和+3.3 V，也可以通过其他等级的电压供电。例如本例中的伺服可以在高达+6 V的电压下工作。伺服使用越高的且在许可范围之内的电压，它就会获得越多的能量。然而随着所获得的能量更多，电路中会流经更高的电流。在马达世界这是一个标准性的关系。

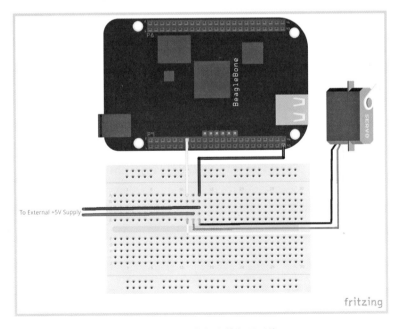

图11.10   在面包板上的伺服系统

图11.11是通过台式电源给伺服提供额外功率的电路图。在实际应用（例如机器人）中，电源可以由其他电源或者适当尺寸的电池提供。

图11.11   实际搭建的伺服系统。注意这里使用台式电源给伺服供电以及使用了一个小的伺服（显示多样性）

11.5   步进电机

接着介绍另一种类型的普通电机：步进电机。步进电机可以比许多伺服电机提供更大的功率，并且移动精度更精确。步进电机的移动是通过电机线圈来定义的。在这个例子中，我们使用一个双极性步进电机。双极性步进电机利用多个马达线圈，并且当一个步骤执行完后，电机就停止在该位置。在我们的这个例子中使用的步进电机（SparkFun ROB-09238）具有如下的特性。

- 步距角：1.8°。

- 额定电压：12V。

- 额定电流：330mA。

- 绕组电感：48mH。

这些都只是一些参数，但它们可为我们设计电路和控制电机提供重要的参考信息。1.8°的步距角意味着每当步进电机移动一步，输出轴就旋转1.8°。这也意味着旋转一圈需要200步：

$$\frac{360°}{1.8°/步} = 200步$$

这提供了准确控制步进动机位置的方法，但是这个控制稍微复杂一些。在早期的电子知识入门阶段，我们曾使用封装好的驱动。这里我们也可以使用SparkFun的EasyDriver步进电机驱动器（SparkFun ROB-13226）。这是一个伟大的驱动器，因为它可以让我们只需要发送一个脉冲就可以走一步。这里可以通过3.3V的GPIO引脚控制，同时使用一个步进电机所需的单独12V电源来驱动它。图11.12展示了EasyDriver。

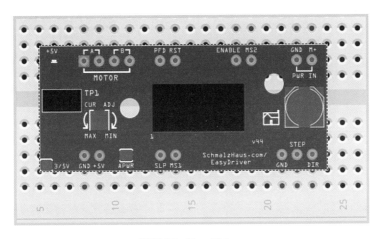

图11.12 EasyDriver

注意这里使用的引脚。左上角的4个引脚等同于步进电机的4个引线，电机的两个线圈每个有两个引脚。有些步进电机有6个引线，如果这样读者应该阅读EasyDriver的文档来看看你的设置是否有6个引线。顶部右侧是外部电源（在我们的例子中是+12 V）和其接地。底部右侧是接地、阶跃信号和由BeagleBone Black控制的转动方向。逻辑高电平或者逻辑低电平改变转动方向。开发板上的示意图表明逻辑高电平是逆时针转动，逻辑低电平是顺时针转动。图11.13给出了演示例子在面包板上的连接图，图11.14展示的是实际搭建好的系统。

清单11.6是控制步进电机的一些简单例子。注意尽管在步进电机中一步是1.8°，但默认情况下EasyDriver允许更精细的控制，这意味着实际上每1.8°需要8步信号，或0.225°/脉冲的分辨率。实际上读者可以通过使用更多的GPIO引脚驱动MS1和MS2来改变它，就像控制芯片（Allegro 3967细分驱动器）的数据手册中定义的那样。

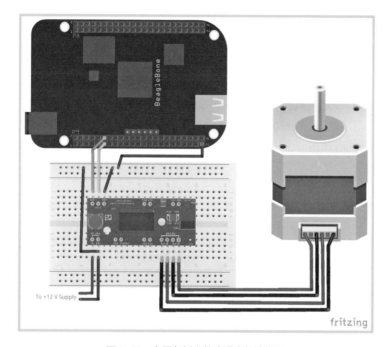

图11.13 在面包板上的步进电机连接图

图11.14 实际搭建好的步进电机系统

为了确保没有过分驱动步进电机，需要再仔细看看参数。我们已经注意到步进电机需要一个外接的12 V直流电源和330 mA电流。绕线电感可以帮助我们了解线圈充电和放电的速度。每移动一步，线圈需要完成上述充电和放电两个动作。每一步所需的最短时间的计算方法如下：

$$time_{step} = \frac{感应系数 \times 电流 \times 2}{电压}$$

$$time_{step} = \frac{0.048\,\text{H} \times 0.330\,\text{A} \times 2}{12\,\text{V}}$$

$$time_{step} = 2.64\,\text{ms}$$

这意味着每一步至少需要2.64 ms。如果留意图11.12所示的开发板，那么会发现那里使用了一个小电位器来限制流经电机的电流。电位器上的MAX标签是指最大限制电流设置，而不是允许通过电路的最大电流。这就要重新设置允许330 mA的电流通过步进电机。

清单11.6　**stepper.py**

```
1.  import Adafruit_BBIO.GPIO as GPIO
2.  import time
3.  import ctypes
4.
5.  libc = ctypes.CDLL('libc.so.6')
6.
7.  STEP_PIN = 'P9_11'
8.  DIR_PIN = 'P9_12'
9.  MICROSTEPS = 8
10.
11.
12. def move(steps, speed):
13.    ''' Move the stepper so many steps at a specific rate
14.
15.    Keyword arguments:
16.    steps -- Number of steps to move
17.    speed -- Time for a full step (milliseconds)
18.
19.    Note: This function commands step signal pulses. This may not control
20.       full step motions depending upon any microstepping defined in the
21.       control.
```

```
22.    '''
23.    if steps > 0:
24.        GPIO.output(DIR_PIN, GPIO.HIGH)
25.    else:
26.        GPIO.output(DIR_PIN, GPIO.LOW)
27.
28.    steps = abs(steps)
29.
30.    delay = ((float(speed) / 2) / MICROSTEPS) * 1000
31.
32.    steps_remaining = steps
33.    while steps_remaining > 0:
34.
35.      GPIO.output(STEP_PIN, GPIO.HIGH)
36.      libc.usleep(int(delay))
37.
38.      GPIO.output(STEP_PIN, GPIO.LOW)
39.      libc.usleep(int(delay))
40.
41.      steps_remaining = steps_remaining - 1
42.
43.
44. def move_degrees(degrees, speed, degrees_per_step=1.8,
45.                    usteps_per_step=8):
46.    ''' Move the stepper so many degrees at a specific rate
47.
48.    Keyword arguments:
49.    degrees     -- Number of degrees to move
50.    speed       -- Time for a full step (milliseconds)
51.    degrees_per_step -- Number of degrees in 1 full step (1.8 default)
52.    usteps_per_step  -- Number of microsteps per step in the driver
53.
54.    '''
55.    steps = degrees / (degrees_per_step / usteps_per_step)
56.    move(steps, speed)
57.
58. if __name__ == '__main__':
59.
60.    GPIO.setup(STEP_PIN, GPIO.OUT)
61.    GPIO.output(STEP_PIN, GPIO.LOW)
```

```
62.
63.    GPIO.setup(DIR_PIN, GPIO.OUT)
64.    GPIO.output(DIR_PIN, GPIO.HIGH)
65.
66.    try:
67.
68.        move_degrees(90, 100)
69.        time.sleep(1)
70.        move_degrees(-90, 100)
71.        time.sleep(1)
72.        move_degrees(360, 10)
73.        time.sleep(1)
74.        move_degrees(-360, 2.64)
75.        time.sleep(1)
76.        move_degrees(360*2, 3)
77.        time.sleep(1)
78.        move_degrees(-360, 2.64)
79.
80.    except KeyboardInterrupt:
81.        pass
82.
83.    finally:
84.        GPIO.output(STEP_PIN, GPIO.LOW)
85.        GPIO.cleanup()
```

注意，为了正确地控制步进电机的速度，上述代码调用了一个外部库中的函数来实现微妙级别的定时。

在普通电机中使用的二极管并没有在伺服和步进电机的例子中出现。但其实这些为保护电路而设计的控制机制应该被包含在上述的例子中。

你现在已经接触到以光、机械运动和马达震动发出声音等形式的输出，也了解到如伺服电机和步进电机等例子中的机械控制。我们可以结合这些系统的不同版本和组合在更大的范围上控制一些东西，如机器人甚至无人飞行器。这是与更广大的外部世界互动的第一步。

12

第12章 计算机视觉

之前介绍的很多项目已经展示了 BeagleBone Black 丰富的硬件接口所具有的潜在用途。本章将介绍的项目就是基于这样一个事实：BeagleBone Black 是一个封装小但功能强大的计算机。我们将给 BeagleBone Black 增加视觉能力。

我们不会讨论创造视觉的必要技能，虽然这样做会很有趣。本章讨论的计算机视觉不光是让机器捕捉图像或视频流，同时还会执行一些其他的智能操作。当然我们需要从头开始，即先为 BeagleBone Black 安装一个摄像头。

12.1 连接摄像头

网络摄像头过去一直都没有很好地支持 Linux 操作系统，特别是类似于 BeagleBone Black 这样的嵌入式操作系统。不过我已经注意到，随着时间的推移，这种情况正在逐渐改善。本章将使用罗技（Logitech）的摄像头。这种摄像头除了方便安装在办公室之外，并没有其他的特别之处。摄像头可以通过 USB 接口连接到 BeagleBone Black 上，如图 12.1 所示。

请记住，在 Linux 操作系统中一切都是文件。摄像头会以视频设备的形式被加载在目录 "/dev/" 下。如果没有安装摄像头，在 BeagleBone Black 相应的目录下就不会发现视频设备。当摄像头没有连接到 BeagleBone Black 时，会看到如下的信息：

```
root@beaglebone:~# ls /dev/video*
ls: cannot access /dev/video*: No such file or directory
```

这些与预期相符，因为 BeagleBone Black 没有内嵌的视频设备。如果现在将一个兼容的 USB 摄像头连接到 BeagleBone Black，那么应该会看到结果发生如下变化：

```
root@beaglebone:~# ls /dev/video*
/dev/video0
```

这表明摄像头已经成功安装并可以工作。现在可进一步使用一个名叫streamer
的命令行工具来测试摄像头：

```
root@beaglebone:~# apt-get update && apt-get upgrade
```

记住，一般情况下，在安装新的软件包之前，使用apt-get检查已经安装的软件
是否有更新是一个很好的习惯。

```
root@beaglebone:~# apt-get install streamer
Reading package lists... Done
Building dependency tree
Reading state information... Done
The following extra packages will be installed:
 libexplain30 lsof xawtv-plugins
Suggested packages:
 xawtv
The following NEW packages will be installed:
 libexplain30 lsof streamer xawtv-plugins
0 upgraded, 4 newly installed, 0 to remove and 0 not upgraded.
Need to get 811 kB of archives.
After this operation, 1674 kB of additional disk space will be used.
Do you want to continue [Y/n]?
```

可以按下回车键来继续安装过程。正如读者所看到的，在安装streamer的时候
需要额外安装一些新的库和包，而apt工具可以帮我们自动完成这些。当安装完
streamer和将摄像头连接到BeagleBone Black之后，就可以开始测试。通常情
况下，可通过man来查询某个命令的使用方法，如这里的streamer。但是man
页面比较简单，这时可通过-h选项来重定向到一个更加全面的帮助页面，如下
所示：

```
root@beaglebone:~# streamer -h
```

这里就不列出全部的输出结果了，因为它太长了。通过本章接下来介绍的那些
例子，可以仔细阅读所用到的选项的帮助页面，以便更好地理解它们。从输出
结果可以看出这个工具的多用性。现在让我们从一个简单的图像捕捉开始，即
BeagleBone Black的自拍。

```
root@beaglebone:~# streamer -o picture.jpeg
```

图12.1所示的拍摄图像被保存在执行目录下,即"/root"。

图12.1 BeagleBoneBlack 的自拍

这是一个相当简单的例子,但它基本的功能会被用到更加复杂的项目中。我们可以运用这个基本的功能和你已经具备的其他能力来联合创建一个有趣的应用程序。比如说,用简单的Python脚本实现一个功能,使得每按下与BeagleBone Black连接的按钮时,摄像头就会拍下一张照片。这个功能在面包板上实现起来非常简单,如图12.2所示。

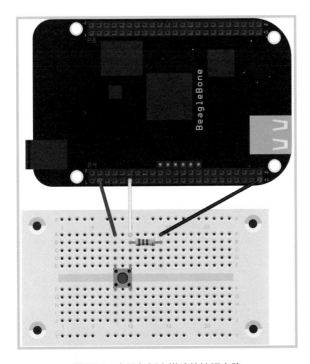

图12.2 在面包板上搭建的按钮电路

这个程序的Python源代码很简单，它用到了在第9章中介绍过的检测按钮按下的相关知识（见清单12.1）。

清单12.1　snapshot.py

```python
1.  import Adafruit_BBIO.GPIO as GPIO
2.  import subprocess
3.
4.  # Define program constants
5.  BUTTON_PIN = 'P9_11'
6.
7.  # Configure the GPIO pin
8.  GPIO.setup(BUTTON_PIN, GPIO.IN)
9.
10. if __name__ == '__main__':
11.
12.     # print out a nice message to let the user know how to quit.
13.     print('Starting snapshot program, press <control>-c to quit.\n')
14.
15.     picture_count = 0
16.
17.     # Execute until a keyboard interrupt
18.     try:
19.         while True:
20.
21.             GPIO.wait_for_edge(BUTTON_PIN, GPIO.RISING)
22.             output_file = 'snaps/snap{:0>3}.jpeg'.format(picture_count)
23.             command_call = ['streamer', '-q', '-o', output_file]
24.             print('Click! Image saved to {}.'.format(output_file))
25.             subprocess.call(command_call)
26.
27.             picture_count = picture_count + 1
28.
29.     except KeyboardInterrupt:
30.         GPIO.cleanup()
```

这个代码为更先进的小项目打下了良好的基础。衡量这个程序的一个有趣例子是当孩子按下按钮时就会得到他/她的自拍，如图12.3所示。

这里不要忘记我们使用的是一台摄像机。这意味着拍摄视频和拍摄照片一样简单，如下所示。

```
root@beaglebone:~# streamer -q -f rgb24 -r 60 -t 00:00:10 -o video.avi
```

图12.3　孩子们在玩自拍程序

这一点很有用，但你可能会希望显示和预览图像，可以通过两种方式来实现这个目标。第1种方法是通过HDMI接口将BeagleBone Black连接到显示器上，就像在第6章中使用BeagleSNES时那样。第2种方法是将一个配备了显示屏的插件板连接到BeagleBone Black。在本章的这个例子中，我们假设显示器使用的是标准的X会话窗口。

在开始这些例子之前，需要准备一个USB接口的键盘。BeagleBone Black上仅有的一个USB接口已经被摄像机使用了，所以现在有两个选择：一种是可以将一个USB集线器连接到BeagleBone Black，然后将键盘、摄像头和鼠标连接到集线器；另一种方法是继续通过SSH远程对BeagleBone Black进行操作。最终的目标是拥有一个简单的显示器和接口来使用远程连接那个选项。但请记住，连接一个本地键盘到BeagleBone Black是非常有用的。

请记住，本书的主要目标是介绍BeagleBone Black的基础知识，所以我们会采用现成的库来实现那些比较难、与BeagleBone Black本身关系不大的任务。为了实现这个目标和增强上述"照相亭"程序的功能，我们需要安装一组库来承担那些繁重的工作。本章将使用OpenCV。

OpenCV是开源计算机视觉（Open Computer Vision）的缩写。要理解这代表着什么，首先需要简单地了解计算机视觉是什么。通俗地讲，计算机视觉就是采集图像数据并通过一些智能的方式对这些图像进行一系列处理。它与人工智能领域重叠，但如果说它只是单独的基于人工智能，那又会忽略计算机视觉本身的多样性。在现实生活中，计算机视觉一个覆盖广泛的"通用"术语。通常情况下，它的目标是从所捕获的图像中提取数据。这些数据可以被机器以某种方式解释，从而获取周围世界的信息。

让我们来看看生物视觉。它并不只是简单地捕获图片并存放在大脑中，还会做其他许多重要的事情。我们所有的感官一般以恒定的状态处理数据。当我们环顾四周时，会恒定地分析眼睛所捕获到的图像数据。我们通过寻找一些模式来处理两只眼睛捕获到的图像之间的差异，以此来提供更加深度的知觉。我们通过视网膜中刺激的视锥细胞来处理色彩，检测代表运动的变化等。这里只列出了生物视觉系统能提供的处理数据流的很小一部分功能。

OpenCV是一个开源的工具集，旨在为计算机系统提供与上述列举类似的许多功能。它提供的免费工具的功能是非常惊人的。这些库为整个世界做出了非常重要的贡献。我们首先介绍如何与OpenCV系统进行基本的交互，然后再深入介绍其他更加先进的功能。我们的最终目标是让BeagleBone Black通过摄像头来跟踪我们的脸部。

在使用OpenCV之前，我们必须先安装相应的库。整个安装过程并不复杂，但并不是简单地运行apt-get命令就可完成的。首先，我们需要保证已经通过apt-get安装了所有的依赖库。有些库可能已经在系统中存在，但为了杜绝以后因为缺少一个库而引起的错误，我们这里最好让系统的apt命令来决定是否已经安装了这些库。我们首先需要再次检查已经安装的库是否都是最新的。

```
root@beaglebone:~# apt-get update && apt-get upgrade
```

这时也是检查系统是否可以升级到更新版本的好时机，这样就可以清除那些没有使用的库。这些命令可能不会产生任何结果，但是它们是清理系统的绝佳方法。

```
root@beaglebone:~# apt-get dist-upgrade
root@beaglebone:~# apt-get autoremove
```

现在需要安装一些必要的库。首先安装一些构建工具，因为这里不仅要安装

OpenCV，还要为自己构建系统。

```
root@beaglebone:~# apt-get install build-essential cmake git pkg-config
```

正如已经在做的，我们将使用Python进行OpenCV相关的开发，所以要确保有一些额外的Python工具可供使用。

```
root@beaglebone:~# apt-get install python-dev python-numpy
```

下一步需要安装与用户界面（Graphical User Interface，GUI）交互的库和一些基本的媒体库。

```
root@beaglebone:~# apt-get install libgtk2.0-dev libavcodec-dev \
libavformat-dev libswscale-dev libjasper-dev
```

最后需要安装一些图形库：

```
root@beaglebone:~# apt-get install libjpeg-dev libpng-dev libtiff-dev
```

当所有的库安装完成后，就可以从软件仓库中下载OpenCV系统。软件仓库是一种类型的存储（如git），它允许跟踪软件版本、使得合作开发更加容易、提供多种软件开发分支和具有其他许多神奇的功能。可以通过git命令将OpenCV复制到本地目录。

```
root@beaglebone:~# git clone https://github.com/Itseez/opencv.git
```

复制过程需要几分钟的时间，因为它包含了很多的文件。当复制完成后，就可以编译和安装OpenCV系统了。这些命令的输出结果并不会全部在这里展示出来，因为它们会占用非常大的篇幅。

```
root@beaglebone:~# cd opencv
root@beaglebone:~/opencv# mkdir build
root@beaglebone:~/opencv# cd build
```

cmake命令会做好所有与构建相关的准备工作。这里需要设置正确的标志，以便正确地为我们的BeagleBone Black环境构建系统。

```
root@beaglebone:~/opencv/build# cmake -D CMAKE_BUILD_TYPE=RELEASE-D CMAKE_
INSTALL_PREFIX=/usr/local -D WITH_CUDA=OFF -D WITH_CUFFT=OFF -D
WITH_CUBLAS=OFF -D WITH_NVCUVID=OFF -D WITH_OPENCL=OFF -D
WITH_OPENCLAMDFFT=OFF-D WITH_OPENCLAMDBLAS=OFF -D
BUILD_opencv_apps=OFF -D BUILD_DOCS=OFF-D BUILD_PERF_TESTS=OFF -D
BUILD_TESTS=OFF -D ENABLE_NEON=on ..
```

现在来构建真正的OpenCV库。下一个任务需要90分钟才能完成。所以这是一个休息的好时机，你可以喝杯咖啡或茶、与亲人交流或喂喂鱼。

```
root@beaglebone:~/opencv/build# make
```

当这个命令结束后，就成功地编译了OpenCV系统。现在需要将其安装成为整个系统的一部分。

```
root@beaglebone:~/opencv/build# make install
root@beaglebone:~/opencv/build# ldconfig
```

12.2　使用OpenCV库

你已经在BeagleBone Black中安装了OpenCV系统，现在可以开始使用它了。接下来我们将编写和安装一个简单的摄像头程序，它使用OpenCV从摄像头中捕获数据并将其显示出来（见清单12.2）。

清单 12.2　**video.py**

```python
1.  import cv2
2.
3.  if __name__ == '__main__':
4.      # Define the name of a main window and create it
5.      main_window_name = 'BeagleBone Black Video'
6.      cv2.namedWindow(main_window_name, cv2.WINDOW_NORMAL)
7.      # Configure the video device for capture, -1 indicates
8.      # the default, in our case, /dev/video0
9.      video_capture = cv2.VideoCapture(-1)
10.     try:
11.         while True:
12.             # Capture a frame from the camera
13.             ret, frame = video_capture.read()
14.             # Display the frame in our window
15.             cv2.imshow(main_window_name, frame)
16.             cv2.waitKey(1)
17.     except KeyboardInterrupt:
18.         # Clean everything up
```

```
19.        video_capture.release()
20.        cv2.destroyAllWindows()
```

这是一份很简单的代码，所包含的注释详细地解释了程序的作用。这里导入的
CV2指的就是OpenCV库。下面创建一个窗口并连接到摄像头上。其运行的结果
是：程序循环地读取一帧图像并将其显示到创建的窗口中去。这里可以使用组
合键Ctrl+C来清理窗口。

当把显示器连接到BeagleBone Black并启动后者时，显示器应该会显示引导后
的X-Windows环境。这个环境的用户名是debian，默认密码是temppwd。为了
在X-Windows环境中执行普通的远程终端，需要切换用户和启用远程显示控制，
即实际上将使远程显示器设置为当前活动状态。

```
root@beaglebone:~/bbb-primer/chapter12# su debian
debian@beaglebone:/root/bbb-primer/chapter12$ xhost +
access control disabled, clients can connect from any host
debian@beaglebone:/root/bbb-primer/chapter12$ export DISPLAY=:0;
```

12.3　优化“照相亭”

清单12.2中的代码演示了一些非常棒的功能。现在可以继续优化清单12.1中介
绍的“照相亭”。现在我们有了一个实时的图像预览系统和一个伟大的图形库。
我们可以将它们整合到一起。清单12.3给出了改进后的增加了快照按钮的“照
相亭”！按钮的布线与之前电路中的布线相同，如图12.2所示。

清单 12.3　photobooth.py

```
1.  import Adafruit_BBIO.GPIO as GPIO
2.  import cv2
3.  import time
4.  from datetime import datetime
5.  # Define program constants
6.  BUTTON_PIN = 'P9_11'
7.  MAIN_WINDOW = 'BeagleBone Black Photobooth'
8.  TIMESTAMP_FORMAT = '%Y-%m-%d_%H-%M-%S'
9.  if __name__ == '__main__':
10.     try:
```

```
11.      # Configure the GPIO pin and add an event watch to check if
12.      # the button has been pressed
13.      GPIO.setup(BUTTON_PIN, GPIO.IN)
14.      GPIO.add_event_detect(BUTTON_PIN, GPIO.RISING)
15.      # Configure the video device for capture, -1 indicates
16.      # the default, in our case, /dev/video0
17.      video_capture = cv2.VideoCapture(-1)
18.      while True:
19.      # Capture frame-by-frame
20.      ret, frame = video_capture.read()
21.      # Display the resulting frame
22.      cv2.imshow(MAIN_WINDOW, frame)
23.      # If the button has been pressed
24.      if GPIO.event_detected(BUTTON_PIN):
25.          # Grab the current time for a timestamp in the filename
26.          # and generate the file path & name
27.          snap_time = datetime.now().strftime(TIMESTAMP_FORMAT)
28.          output_file = 'snaps/snap_{}.jpeg'.format(snap_time)
29.          # Configure the output to be a JPEG with a 90% image quality
30.          jpeg_settings = [int(cv2.IMWRITE_JPEG_QUALITY), 90]
31.          # Write the frame to the file
32.          cv2.imwrite(output_file, frame, jpeg_settings)
33.          # Wait for an extra second with the captured frame displayed
34.          # to give a little feedback to the user
35.          time.sleep(1)
36.      cv2.waitKey(1)
37.  except KeyboardInterrupt:
38.      # Clean-up
39.      video_capture.release()
40.      cv2.destroyAllWindows()
```

正如所看到的，只需要小小的改动就将这两个程序组合到了一起。与最初的快照相比，一个主要的改进是使用了Python的datetime库来为快照文件生成基于时间和日期的标签。这种方式可以方便地追踪已经捕获的图像数量。当图像被反馈给用户，用来告知他们一些事情已经发生时，图像会暂停输出 1 s。

现在可以用 BeagleBone Black 来真正模拟所期望的具有视觉的物体。OpenCV 的功能非常强大，在拍摄完一幅图后，可以对它进行许多处理。例如，可以改变一幅图的颜色、识别所有的尖角、识别各种特征、使用更多的特征和进行各种转换。事实上我们可以使用这些来给 BeagleBone Black 增加脸部识别功能。

脸部识别需要消耗 BeagleBone Black 大量的计算资源。运行一个简单的面部识别程序将会占用许多 BeagleBone Black 的处理资源并显著提高 BeagleBone Black 的温度。由于这些原因，为了在连续实时视频流上获得最好的效果，你需要朝着优化程序的方向努力，而不是单纯地追求程序的易读性。

12.4　层叠分类器

计算机视觉识别图像的一个方法是运用层叠分类器（Cascade Classifiers）。层叠分类器背后的原理很简单：寻找特定图像中的一组粗糙特征，如眼睛、鼻子和嘴。如果发现了这些特征，则继续在包含这些特性的范围内进行更深度地搜索。当有一定的概率确定该区域是一张脸后，搜索将停止；否则，将继续推进向下搜索。OpenCV 针对不同特征有着不同精度的分类器。通过在 BeagleBone Black 中的实验，我发现进行人脸识别的最佳选择是局部二元模式（Local Binary Pattern，LBP）分类。清单 12.4 是将人脸识别添加到先前的视频程序之后的代码。

清单 12.4　face_tracker.py

```
1.  import cv2
2.  if __name__ == '__main__':
3.      # Define the name of a main window and create it
4.      main_window_name = 'BeagleBone Black Video'
5.      cv2.namedWindow(main_window_name, cv2.WINDOW_NORMAL)
6.      # Set up the identification cascade to use
7.      cascade = '/root/opencv/data/lbpcascades/lbpcascade_frontalface.xml'
8.      face_cascade = cv2.CascadeClassifier(cascade)
9.      # Configure the video device for capture, -1 indicates
```

```
10.     # the default, in our case, /dev/video0
11.     camera = cv2.VideoCapture(-1)
12.     try:
13.       while True:
14.         # Capture frame-by-frame
15.         ret, frame = camera.read()
16.         # Scale the frame down, convert it to grayscale,
17.         # and then search for faces.
18.         reduced = cv2.resize(frame, (0, 0), fx=0.5, fy=0.5)
19.         reduced_grey = cv2.cvtColor(reduced, cv2.COLOR_BGR2GRAY)
20.         faces = face_cascade.detectMultiScale(reduced_grey, 1.3, 2)
21.         # Iterate over all the faces identified in the image and draw
22.         # rectangles around them.
23.         for (x, y, w, h) in faces:
24.           origin = (x * 2, y * 2)
25.           size = (w * 2, h * 2)
26.           far = (origin[0] + size[0], origin[1] + size[1])
27.           cv2.rectangle(frame, origin, far, (0, 0, 255), 2)
28.         # Display the resulting frame
29.         cv2.imshow(main_window_name, frame)
30.         cv2.waitKey(1)
31.     except KeyboardInterrupt:
32.       # Clean everything up
33.       camera.release()
34.       cv2.destroyAllWindows()
```

在清单12.4中，用于保存分类信息的一个XML文件被标识了出来。这个文件用于创建一个CascadeClassifier对象。所有跟踪人脸的工作都在这个对象中实现。在图像被捕获之后，需要先将它转换为灰度图像，因为这是分类器所要求的。该图像的大小也随之降低。这样做的原因是图像越大，所消耗的处理时间就越长。一般的图像被压缩后，仍会包含足够的用于查找面部图像所需的数据，但这样会减少处理数据带来的消耗。请注意一定要保留原始图像，因为我们要在原始图片上显示已经找到的脸部。

层叠分类器返回一组关于矩形的规格参数：包含矩阵左上角x和y像素点的位置，

以及矩形的宽度和高度。请记住，在进行图像转换时，图像被压缩了一半。因此需要将上述矩阵的位置、宽度和高度都加倍来获取原始图像的位置。在显示图像之前可以在原始图像上绘制矩形。图12.4显示了捕获的图像中被识别的多个脸部。

图12.4　在图片中捕获多个面孔

12.5　脸部跟踪

现在可以开发一个有趣的项目：把本章开发的程序与第10章学到的技能相结合。可以把两个伺服系统结合起来形成一个云台（SparkFun ROB-10335）。原理很简单：一个伺服系统将云台前后移动，另一个将云台上下移动。图12.5显示了将两个伺服系统（SparkFun ROB-10333和SparkFun ROB-09065）结合到一起形成的云台系统。

可以将这个云台与脸部识别程序结合起来，形成一个追踪脸部的平台。这可以有很多种用途，包括移动摄像头来保证脸部时刻处于中间位置，也可以保持早期的快照功能。让我们首先来看看硬件配置。图12.6给出了程序在面包板上的配置。

图12.5   云台

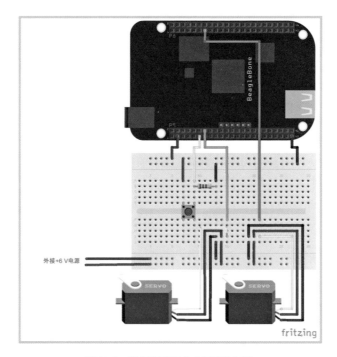

图12.6   脸部跟踪程序中用到的硬件

为了提高这个程序的可读性，需要自己编写控制伺服系统的函数库。这需要利用第10章中的基本伺服功能并将其封装成为对象，这会让驱动伺服系统的主程序更加易读。清单12.5给出了Servo对象在库中的定义。

清单12.5   bbbservo.py

```
1.  import Adafruit_BBIO.PWM as PWM
2.
3.
4.  class Servo(object):
5.    '''Object representing a servo motor utilizing the Adafruit_BBIO library.
6.    This class defines an object to manipulate a servo motor on a BeagleBone
7.    Black (BBB). The class utilizes the PWM module of the Adafruit_BBIO library
8.    for pulse width manipulation.
9.  Attributes:
10.    pin (string): The physical pin on the BBB (i.e. 'P9_14')
11.    servo_range (tuple): Max and min of servo range in degrees
12.    ppm_range (tuple): Max and min of the PPM pulse width in ms
13.    ppm_freq (number): Frequency of the PPM/PWM driver
14.    position (number): The position of the servo in degrees
15.    position_pulse_width (number): Position as pulse width
16.    position_duty_cycle (number): Position as a PWM duty cycle
17.    initialized (boolean): Object initialization status
18.  '''
19.  pin = ''
20.  '''BBB PWM pin in use'''
21.  servo_range = (0, 180)  # degrees
22.  '''Range of the servo in degrees'''
23.  ppm_range = (0.5, 2.5)
24.  '''Range of the PPM pulse width for servo control in milliseconds'''
25.  ppm_freq = 50
26.  '''PWM/PPM Driver frequency'''
27.  def __init__(self, pin, start, **kwargs):
28.    '''Initialize a Servo object.'''
29.    self.pin = pin
```

```
30.    for key in ('servo_range', 'ppm_range', 'ppm_freq'):
31.       if key in kwargs:
32.          setattr(self, key, kwargs[key])
33.    self.initialized = False
34.    self.position = start
35. @property
36. def position(self):
37.    '''Current servo position - assignment moves the servo'''
38.    return self._position
39. @position.setter
40. def position(self, value):
41.    if self.servo_range[0] <= value and value <= self.servo_range[1]:
42.       self._position = value
43.       if self.initialized:
44.          PWM.set_duty_cycle(self.pin, self._position_duty_cycle())
45.       else:
46.          PWM.start(self.pin, self._position_duty_cycle(), self.ppm_freq)
47.             self.initialized = True
48.    else:
49.       message_string = 'Servo commanded to {}. Valid range {}.'
50.       raise Exception(message_string.format(value, self.servo_range))
51. def cleanup(self):
52.    '''Execute steps to clean up the PWM hardware'''
53.    PWM.stop(self.pin)
54.    PWM.cleanup()
55.    self.initialized = False
56. def _position_duty_cycle(self):
57.    '''Current servo position as a PWM duty cycle'''
58.    ppm_delta = self.ppm_range[1] - self.ppm_range[0]
59.    range_delta = self.servo_range[1] - self.servo_range[0]
60.    pw_per_degree = ppm_delta / float(range_delta)
61.    relative_position = self.position - self.servo_range[0]
62.    relative_pulse_width = relative_position * pw_per_degree
63.    absolute_pulse_width = relative_pulse_width + self.ppm_range[0]
```

```
64.    pulse_width_seconds = absolute_pulse_width / float(1000)
65.    return (pulse_width_seconds * self.ppm_freq) * 100
```

这段代码有很多的文档。你可以把这当作一个练习的机会来深入理解代码。对象文档的属性说明了基本的功能是如何被抽象和封装的，它甚至还引入了Adafruit_BBIO库。你在主程序中只需要创建两个伺服对象并使用它们。可以通过读取 .position 属性来获取当前的跟踪位置，并通过设置 .position 属性来移动伺服。需要注意的是伺服不给控制器提供位置反馈信息，因此控制器需要假设伺服已经执行了下达的动作要求。

这与之前的脸部跟踪程序有稍许差别：因为这里无法同时跟踪所有的脸，所以 for 循环只会选择反馈的第一张脸来跟踪（忽略其他的脸）。另外，我们要跟踪的是"目标"的中心，所以需要计算脸部矩形的中心点，然后用圆圈而不是矩形标出。为了减少消耗大量处理器资源的位于循环中的计算，大量的计算必须放置在主循环之前。清单12.6给出了源代码，图12.7给出了该项目的实际配置。

清单 12.6　tracker.py

```
1.  import Adafruit_BBIO.GPIO as GPIO
2.  import bbbservo
3.  import cv2
4.  import time
5.  from datetime import datetime
6.  # Define BBB Pin Constants
7.  BUTTON_PIN = 'P9_11'
8.  PAN_PIN = 'P9_14'
9.  TILT_PIN = 'P8_13'
10. # Field of view of the camera
11. FOV = 75
12. if __name__ == '__main__':
13.     try:
14.         # Configure the GUI
15.         window_name = 'Camera Tracker'
16.         cv2.namedWindow(window_name, cv2.WINDOW_NORMAL)
17.         # Configure the snapshot button
```

```
18.        GPIO.setup(BUTTON_PIN, GPIO.IN)
19.        GPIO.add_event_detect(BUTTON_PIN, GPIO.RISING)
20.        # Set up the identification cascade to use
21.        cascade = '/root/opencv/data/lbpcascades/lbpcascade_frontalface.xml'
22.        face_cascade = cv2.CascadeClassifier(cascade)
23.        # Define some basic camera frame properties and relationships
24.        camera = cv2.VideoCapture(-1)
25.        cam_frame_size = (camera.get(cv2.CAP_PROP_FRAME_WIDTH),
26.                            camera.get(cv2.CAP_PROP_FRAME_HEIGHT))
27.        cam_frame_center = (cam_frame_size[0] / 2, cam_frame_size[1] / 2)
28.        pos_to_angle = ((FOV / 2) / cam_frame_center[0],
29.                            (FOV / 2) / cam_frame_center[1])
30.        # Configure and initialize out pan/tilt mechanism servos
31.        pan_servo = bbbservo.Servo('P9_14', 0,
32.                                      servo_range=(-90, 90),
33.                                      ppm_range=(0.4, 2.25))
34.        tilt_servo = bbbservo.Servo('P8_13', 0,
35.                                      servo_range=(-90, 90),
36.                                      ppm_range=(0.8, 2.25))
37.        time.sleep(1)  # Wait for servo motion to complete
38.        # Initialize a couple other parameters we will use
39.        last_found = time.time()
40.        while True:
41.          # Capture frame-by-frame
42.          ret, frame = camera.read()
43.          # Create a reduced copy of the frame and convert it to grey
44.          reduced = cv2.resize(frame, (0, 0), fx=0.5, fy=0.5)
45.          reduced_gray = cv2.cvtColor(reduced, cv2.COLOR_BGR2GRAY)
46.          # Find the faces in the reduced, grayscale, image
47.          faces = face_cascade.detectMultiScale(reduced_gray, 1.3, 2)
48.          for i, (x, y, w, h) in enumerate(faces):
49.            origin = (x * 2, y * 2)
50.            face_center = (origin[0] + w, origin[1] + h)
51.            if i == 0:
```

```
52.                cv2.circle(frame, face_center, w, (0, 255, 0), 1)
53.            else:
54.                cv2.circle(frame, face_center, w, (0, 0, 255), 1)
55.                center_delta = (cam_frame_center[0] - face_center[0],
56.                               cam_frame_center[1] - face_center[1])
57.            pan_servo.position = center_delta[0] * pos_to_angle[0]
58.            tilt_servo.position = center_delta[1] * pos_to_angle[1]
59.            last_found = time.time()
60.        # Otherwise, zero the platform if we haven't seen any faces
61.        # for a specified number of seconds
62.        else:
63.            if time.time() - last_found > 5:
64.                pan_servo.position = 0
65.                tilt_servo.position = 0
66.        # If the button has been pressed
67.        if GPIO.event_detected(BUTTON_PIN):
68.            # Grab the current time for a timestamp in the filename
69.            # and generate the file path & name
70.            snap_time = datetime.now().strftime('%Y-%m-%d_%H-%M-%S')
71.            output_file = 'snaps/snap_{}.jpeg'.format(snap_time)
72.            jpeg_settings = [int(cv2.IMWRITE_JPEG_QUALITY), 90]
73.            # Write the frame to the file
74.            cv2.imwrite(output_file, frame, jpeg_settings)
75.        # Display the resulting frame
76.        cv2.imshow(window_name, frame)
77.        cv2.waitKey(1)
78. except KeyboardInterrupt:
79.     camera.release()
80.     cv2.destroyAllWindows()
81.     pan_servo.position = 0
82.     tilt_servo.position = 0
83.     time.sleep(1)
84.     pan_servo.cleanup()
85.     tilt_servo.cleanup()
```

图12.7   实际完成的脸部跟踪应用

你已经通过这个项目取得很大的进步，这也是开发之旅的真正起点。我们用到了BeagleBone Black的强大处理能力，利用了摄像头来获取输入信息和利用机械装置执行输出。在下一章中，我们将把BeagleBone Black放置在汽车中来介绍它更加便携的特性。

13

第13章　检测汽车故障

小型嵌入式计算机和微控制器在我们的生活中无处不在。当我们环顾四周时，会发现带有某种控制器和微处理器的电子设备的数量是惊人的。除非你日常开的是一辆非常古老的车，否则你的车中应该也安装了一台计算机。这种计算机一般被称为发动机控制模块（Engine Control Module，ECM）或发动机控制单元（Engine Control Unit，ECU）。它可以做很多事情，比如监控车辆的系统、出现问题时打开"检查引擎"灯、控制发动机系统并让车辆运行。本章将介绍如何通过BeagleBone Black与汽车的计算机交互并探索收集到的信息。

13.1　车载计算机

20世纪80年代后期，那时候的我还很年轻。我记得当时听说一个朋友的父亲的汽车里安装了计算机。透过车窗，我记得看到的是一台类似Commodore 64，TRS-80的计算机。它甚至类似于我爸爸偶尔下班后会带回家的"便携式计算机"。我想就是那个时候我才认为计算机可以是小型便携的，之前我一直以为它必须要放置在座位下。看完后我耸耸肩又回去编写QuickBasic应用程序来跟踪除草客户，并为他们打印发票。

当今带有计算机的汽车已经非常普遍。微处理器和微控制器在我们的生活中几乎是每个科技产品的心脏。显然，一些阿米什人（基督新教再洗礼派门诺会中的一个信徒分支，以拒绝汽车及电力等现代化设备，过着简朴的生活而闻名）甚至开始看到技术逐渐融入到他们的生活，正成为普遍存在的事物。车载计算机并不是一个新的创意，大众汽车公司早在20世纪60年代末期就开始引进车载计算机，这些计算机有存储能力并能够检索引擎信息。在我模糊的记忆里，第

一次听说装有车载计算机的汽车是我朋友的父亲的汽车，一辆1973年生产的
Karmann Ghia（如图13.1所示）。这在当时是一次革命。这种板载计算机当时也
被阿波罗指令舱和登月舱使用。这些是我年轻时记忆中的早期计算机。

图13.1　Karmann Ghia（感谢Marshall Rouse提供的照片）

多年来，世界各地的汽车制造商普遍习惯在汽车中使用车载计算机。对大多数
汽车车主来说，计算机只是简单地接通"检查引擎"灯，也称为故障指示灯
（Malfunction Indicator Lamp，MIL）。维修店使用特殊的诊断计算机来连接车载
计算机并读取信息。随着技术的发展，大家强烈要求一个通用的标准，这个标
准称为车载诊断（On-Board Diagnostics，OBD）。它和后续的OBD-II提供了与车
载ECM通信的通用方法。OBD-II于20世纪90年代在美国被强制推广，欧洲也
在几年之后采用了一个类似的标准，即欧洲OBD（European OBD，EOBD）。这个
标准包含了一个连接器、供电、信号、数据总线和格式。

有句老话说，"规矩是用来打破的"。在计算机领域，很多人说过类似的话。通
常认为是Admiral Grace Hopper先说的："标准的美妙之处就在于它有很多种选
择"。OBD-II标准中的16针连接器包含了3种不同通信标准可以使用的6个引脚
以及不同厂家可以自由使用的7个引脚。剩余的3个引脚用于连接汽车电源和接
地。图13.2显示了OBD-II连接器。表13.1解释了引脚的输出。

标准包含了一组普通模式和被称为参数ID（Parameter IDs, PID）的命令。牢记我
之前提到的标准：并不是每一个模式和PID都被车辆支持，但至少支持其中的某

些部分。事实上，公开记录的PID只是一套核心，汽车实际上包含的可能更多，但它们是制造商专有的（且难以复制）。出于这个原因，本章将重点放在我们可以访问的子集，并开始扫描车辆来获取信息。

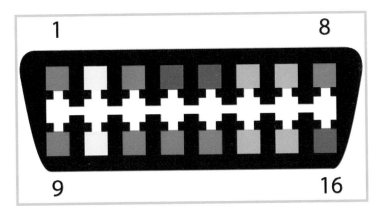

图13.2　标准的OBD-II连接器

表13.1　OBD-II连接器的输出引脚

名称	SAE J1850			机壳 接地	信号 接地	CAN	ISO 9141-1 & 14230	
信号	+			GND	GND	高	K-Line	
引脚	1	2	3	4	5	6	7	8
引脚	9	10	11	12	13	14	15	16
信号	-					低	L-Line	V_{Batt}
名称	SAE J1850					CAN	ISO 9141-1 & 14230	电池 电压

13.2　与车辆连接

处理不同的标准和协议看起来挺吓人的，这就是我们为什么要再一次使用SparkFun。它提供了一个与OBD-II系统连接的接口，并通过一个串行UART接口提供连接访问。这类似于我们在第7章中访问LCD时使用的一样。事实上，我们需要3个部分。首先，我们需要一个连接OBD-II接口的9针连接器（SparkFun CAB-10087）；其次，我们需要OBD到UART的转换器（SparkFun WIG-09555）；

最后，由于转换器的 UART 输出电压为 5 V，我们需要一个逻辑电平转换器将信号转换为 BeagleBone Black 可以接受的 3.3 V 电压，然后在发射线（BOB-12009）上将它的电压调回到 5V。图 13.3 显示了这些器件的布局。图 13.4 展示了如何将它们连接到一起。

注意

逻辑电平转换器

本章包含的一个重要器件是逻辑电平转换器。请记住，BeagleBone Black 上的引脚电压的限制是 3.3V（除了模拟输入的 1.8V）。许多设备的电压为 5 V，比如 SparkFun。逻辑电平转换器对于转换两个不同的电压是有帮助的。

图 13.3   车载连接部件

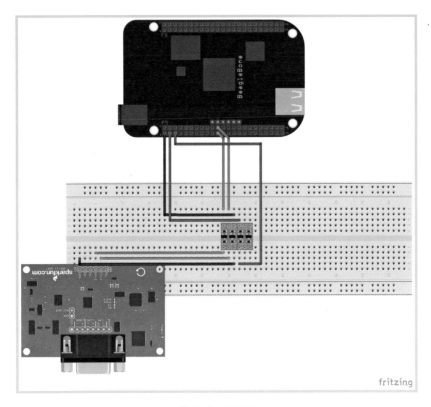

图13.4　接线图

通过这种连接，我们可以与转换板以及车载计算机通信。我们将从基本的 Python 脚本开始讲解，如清单 13.1 所示。这里使用 BeagleBone Black 上的 UART2 接口，如图 13.4 中给出的连接方式。我们将发送重置命令，这样可以确保基本通信的畅通。一般在 Linux 环境下，命令行的结束是用一个换行控制字符（'\n'）来表示，即 ASCII 字符 10（0x0A）。在其他一些环境中，比如 Windows 下，它是回车（'\R'）字符（ASCII 14，即 0X0D）和换行符的组合。在本章使用的开发板的环境中，用回车来表示一行的结束。另外，当看到如下字符时，就表示板子已准备就绪：

'>'

这是开发板通信时使用的控制提示。

到目前为止，你应该注意到开发板需要连接到 OBD-II 连接器上来进行操作，这意味着需要把它放在车内。在车内如何进行这些工作又取决于自己。我有一辆小型货车，车的座位可以放倒，可以在车子的后面设置工作区域并通过前面的章节中使用过的USB接口来与BeagleBone Black通信。根据个人喜好，还可以外接键盘以及安装一个监视器到车上。

清单13.1　communications_test.py

```
1.   import Adafruit_BBIO.UART as UART
2.   import serial
3.
4.
5.   def obd_read(serial_port):
6.       '''Read from the serial port until the read prompt, ">", is encountered.'''
7.       response = ''
8.       a_byte = serial_port.read()
9.       while a_byte != '>':
10.        response = response + a_byte
11.        a_byte = serial_port.read()
12.
13.      return response
14.
15.  if __name__ == '__main__':
16.
17.      UART.setup('UART2')
18.      obd = serial.Serial(port='/dev/ttyO2', baudrate=9600)
19.      obd.open()
20.
21.      obd.write('ATZ' + '\r')
22.      print(repr(obd_read(obd)))
23.
24.      obd.close()
```

开发板本身回复两套以'AT'或'ST'为前缀的指令。其他所有的指令认为假设需要通过OBD转发到汽车的ECM上。清单13.1中发送的"ATZ"命令重置串行发送接口。读者将看到已发送命令的反馈、硬件信息以及'>'提示符。请注意在发送命令字符串之前需要添加回车符。

清单13.1中定义的函数obd_read是通信的核心，这将持续出现在本章剩余的部分。它通过串行接口逐字节地读取响应，并把它们全部保存在字符串中，直到遇到">"提示符为止。你知道这意味着开发板已经准备好接收下一个命令，所以可认为这是响应的结束。print命令实际上是打印返回的字符串。这是为了确保读者看到所有的回车字符和其他任何的控制字符都是响应的一部分。当脚本运行时，读者应该会看到以下内容：

```
debian@beaglebone:/root/bbb-primer/chapter13$ python connection_test.py
'ATZ\r\rELM327 v1.3a\r'
```

请注意由于版本的不同，你看到的信息可能会有些不同，但这是一个很好的响应。现在，为了开发一个终端类型的应用程序（它将作为一个有用的工具来测试一些命令），我们将通信部分设计为一个类。将其设计为类的过程类似于前面章节中提到的伺服控制类。创建一个类似于清单13.2所示的初始版本，然后在其上将功能扩展开。目前它只具有清单13.1所示的基本功能。

清单13.2　**obd.py**

```
1.  import serial
2.
3.
4.
5.  class OBDToUART(object):
6.
7.    def __init__(self, port, baudrate, line_end='\r', prompt='>',
8.                 echo=True):
9.      self.port = port
10.     self.baudrate = baudrate
11.     self.line_end = line_end
12.     self.prompt = prompt
13.     self.echo = echo
14.
15.     self.ser = serial.Serial(port=self.port, baudrate=self.baudrate)
16.     self.ser.open()
17.
18.   def send(self, command):
19.     self.serial.write(command + self.line_end)
20.
21.   def read(self):
22.     '''''Read from the serial port until the prompt is encountered.'''
23.     response = ''
24.     a_byte = self.ser.read()
25.     while a_byte != self.prompt:
26.       response = response + a_byte
```

```
27.      a_byte = self.ser.read()
28.
29.    return response
30.
31.  def close(self):
32.    self.serial.close()
33.
34.  def command(self, command):
35.    self.send(command)
36.    response = self.read()
37.
38.    response = response.split(self.line_end)
39.    response = [line.strip() for line in response]
40.
41.    if self.echo:
42.      if command not in response[0]:
43.        msg = 'OBDUart: Echo check failed.'
44.        raise Exception(msg.format(response[0]), command)
45.      else:
46.        response.pop(0)
47.
48.    return response
```

通过在一个独立的文件中定义这个类，可以开始在这个类中抽象具体的实现细节。它也让你用更加复杂的方式使用接口。这里有两点需要注意：类中定义的command()方法接收一个命令。这个方法包装了发送和读取命令，它还剔除了任何终止行的字符并以列表行来返回反馈。如果echo命令被启用，command()方法检查命令是否在返回的第一项中；如果不在，则发送一个错误（也就是一个异常）来停止程序。这是检查错误最基本的方法，可以减少我们后期遇到的不必要的麻烦。

通过创建这个类并将其保存到一个单独的Python文件(obd.py)中，可以看到清单13.1中的代码变成了如清单13.3所示的简单代码。

清单13.3　communications_test.py（更新的版本）

```
1.  import Adafruit_BBIO.UART as UART
2.  import obd
3.
4.
```

```
5.  if __name__ == '__main__':
6.
7.      UART.setup('UART2')
8.      obd_connection = obd.OBDUArt(port='/dev/ttyO2', baudrate=9600)
9.
10.     print(repr(obd_connection.command('ATZ')))
11.
12.     obd_connection.close()
```

现在可以轻松地创建一个稍微复杂且能与它互动的程序。

清单13.4　interactive.py

```
1.  import Adafruit_BBIO.UART as UART
2.  import obd
3.
4.  if __name__ == '__main__':
5.
6.      UART.setup("UART2")
7.      obd_con = obd.OBDUart(port='/dev/ttyO2', baudrate=9600)
8.
9.      while True:
10.       cmd = raw_input('> ')
11.       if cmd == 'q':
12.           break
13.       else:
14.           response = obd_con.command(cmd)
15.           for msg in response:
16.             print msg
17.
18.     obd_con.close()
```

我们将通过这个简单的程序来探索OBD-II到UART设备的连接，甚至开始与汽车本身的ECM进行互动。当然，我们也可以在终端程序上使用串行连接，但仅仅通过这几行代码读者已经管理了底层通信的一些接口，比如结束行和检查预期的响应。试着发送一些命令到板子上，然后开始通过如下的Python代码来和汽车交互：

```
debian@beaglebone:/root/bbb-primer/chapter13$ python interactive.py
>ATZ
ELM327 v1.3a
```

```
>ATSP0
OK
>ATDP
AUTO, ISO 15765-4 (CAN 11/500)
>STMFR
SparkFun Electronics
>ATRV
14.4V
```

你可以开始通过 OBD-II 到 UART 的通信板良好地读取反馈信息。命令 ATZ 返回接口信息的类型。ATSP0 将数据协议设置为自动，即让板子决定与汽车通信的最佳方式，然后查询所选择的与 ATDP 一起使用的协议。在本例中，它告诉我们自动选择了 ISO 15765-4(CAN 11/500)，即 CAN 协议。通过表 13.1 和图 13.2 中介绍的连接器信息，我们知道这意味着它正在使用引脚 6 和 14 来与汽车的 ECM 通信。STMFR 回复它的制造商（即 SparkFun 电子）以及用 ATRV 查询的在接口处看到的 14.4V 电压。

13.3 读取汽车的状态

到目前为止，我们只是和通信板而不是汽车本身进行通信。要了解如何与汽车 ECM 通信，首先需要了解命令架构。获取这方面的信息非常容易，但是获取这个方向的统一信息是有点困难，信息的来源是多样的。虽然 OBD-II 是一个标准，但它不是一个强制性的开放标准。除了我们已经知道的命令（以及如何解释它们），本章还将讨论其他的、需要昂贵代价来访问的命令，并且得到的信息无法重复。每个制造商可能有其他的命令组合，但这些都不是容易获得的信息。我就找不到与本田和道奇有关的这些信息。

一般来讲，OBD-II 命令有两个部分：模式和参数 ID(PID)。通常情况下，一个字节代表模式，一个字节代表 PID。这里我们将只介绍几个模式，但我鼓励你去探索其他的用于自己车辆的模式和 PID。谷歌和维基百科是你在这个寻找旅途中的良师益友。这些模式和 PID 几乎都是十六进制数（而不是它们的十进制数表示），我们将在本章继续使用代表十六进制的前缀符。

模式 0x01 代表当前车辆的数据集。在模式 0x01 中以 PID0x00 开始，每个 0x20 用 4 个字节来响应第一个 0x20(0x10 到 0x20)PID。我们可以认为模式 0x01 和 PID0x01 是始终可用的。PID0x20 告诉我们后续的 0x20 和 PID 是可用的（如果存在的话）。你可以通过我们编写的交互脚本来查询这个PID，以便更好地理解它们。我们只需要通过发送模式和紧随的PID来发送一个命令。所以对于模式0x01和PID0x00，我们发送如下的内容：

```
>0100
41 20 80 07 E0 19
```

我们收到了6个字节，但只有最后的4个字节告诉我们关于PID的可用性。第1个字节总是请求的模式加上0X40；而第2个字节代表请求的PID。所以0x41和0x20让我们知道这是对所请求的PID的响应。其余的字节代表响应的数据。我们需要一个通用的方法来解释这些字节，所以本章将坚持使用研究领域使用的标准。按照字母顺序来命名字节，即第1个字节是字节A，第2个是字节B，等等。在一个字节中，我们计数的时候是从最低有效位到最高有效位，并且计数从0开始。

读者可以看到为什么这些会造成混淆。在这种情况下，A字节的第7比特位表示要检查的第一个布尔值，但如果这个字节代表一个二进制数，那么最低有效位就是第0个比特位，但在书写的时候第0比特位是字节的最后一位。我们尽量用几个例子将这一点讲明白。PID0X0D的响应只是简单的1个字节，所以让我们继续检查下一个。这个PID返回车辆的速度（单位为km/h），它也可能是我们感兴趣的参数。

```
>010D
41 0D 00
```

这一个字节的响应是0。这也许不是一个最好的入门例子，但它是一个可以验证的响应，因为现在我们的车辆是静止的！在这种情况下，只需要将字节A当作一个8数位，即无符号整数0。这是非常容易理解的。另一种常见的大家感兴趣的参数是转速计，它告诉我们发动机运行时每分钟转多少圈。这是一个两字节或16位的无符号整数。转速计的信息是两字节或16位的无符号整数（PID为0x0C）。

```
>010C
41 0C 09 98
```

这两个字节被空格隔开，但它们是要一起读取的。检验读取数值的方法很简单：0x0998代表十进制的2456，这也是车辆仪表盘显示的转速，发动机此时正在加速。

13.4   解释数据

现在我们知道如何与汽车交互。有些响应需要大量的工作来解读。还需要记住的是从计算机上接收到的实际上是代表数字的字符串，而并不是数字本身。

与上个例子中的4个字节不同，这里返回的是11个字节。表13.2给出了从ASCII字符到数字的转换。

表13.2   解释OBD-II ASCII字符

UART 十六进制	0x34	0x31	0x20	0x30	0x43	0x20	0x30	0x39	0x20	0x39	0x38
ASCII	'4'	'1'	[空格]	'0'	'C'	[空格]	'0'	'9'	[空格]	'9'	'8'
结果	0x41			0x0C			0x0998				
十六进制	65			12			2456				

Python通过内置的函数int()使得这个翻译过程变得很容易。这个函数有两个参数：代表整数的字符串和整数的基数 。因此在Python中，字符串'0998'可以通过下面的方式转换成数字：

```
>>> int('0998', 16)
2456
```

以下是我们要做的：

（1）创建一个接受OBDUart对象的Car对象。这个Car对象允许对车有一个抽象接口并且将为我们初始化OBDUart对象。

（2）在Car对象的内部，接收到的响应字节串应该被逐字节分解。每个字节应被解释为整数，并且会形成一个新的整数序列。

（3）前两个字节应该与发送的命令相匹配，如果有一个不匹配就会产生错误异常。

（4）剩余的数据字节将被解释并返回给用户。

清单13.5给出了符合上述目标的Car对象的初始处理。需要把这个对象定义在obd.py文件中。

清单13.5 定义的Car对象（在文件obd.py内）

```
1.   class Car(object):
2.
3.     def __init__(self, obd_connection):
4.       self.obd_connection = obd_connection
5.
6.       initialize_response = self.obd_connection.command('ATZ')
7.       if 'ELM' not in initialize_response:
8.           raise Exception('obd.Car.init: OBDUart Initilization Failed')
9.
10.      autoset_interface = self.obd_connection.command('ATSP0')
11.      if 'OK' not in autoset_interface:
12.          raise Exception(
13.          'obd.Car.init: OBDUart Interface Autoset Failed')
14.
15.    def raw_command(self, command):
16.      return self.obd_connection.command(command)
17.
18.    def command(self, mode, pid):
19.      command_string = '{:0>2x}{:0>2x}'.format(mode, pid)
20.      response = self.raw_command.command(command_string)
21.      response = response.strip()
22.      response = response.split(' ')
23.
24.      for byte in response:
25.          byte = int(byte.strip(), 16)
26.
27.      response_mode = response[0] - 0x40
28.      response_pid = response[1]
29.      response_data = response[2:]
30.
31.      if response_mode != mode or response_pid != pid:
32.          raise Exception(
33.          'obd.Car.command: Received unexpected Mode or PID')
34.
35.      return response_data
36.
37.    def speed(self):
38.      speed = self.command(0x01, 0x0D)
39.      return speed[0]
```

```
40.
41.    def tachometer(self):
42.        tach = self.command(0x01, 0x0C)
43.        tach = (tach[0] << 8) | tach[1]
44.        return tach
```

在初始化方法中，我们重置了接口，将协议设置为自动检测并通过检测来确保这两个命令可用。方法raw_command()允许库的用户仍然可以发送他们想要的命令到系统中，比如之前以字符串的形式。

command()方法作为Car对象的一部分，它的参数包含了整数类型的模式和PID。这个方法首先使用字符串格式化功能建立两个字段，通过左对齐来确定两位数字，并使用字段中数字的十六进制表示方法。这样就建立了命令字符串。命令通过OBD接口发送并接收响应。strip()字符串函数删除字符串结尾的任何额外空间，然后split()将字符串划分为一系列的单字节字符串。每个字节被转换成一个整数，并且前两个字节用来与命令模式和PID比较，以确保我们收到了可信的响应。

最后，speed()和tachometer()方法是上述功能在车上的具体实现。对于speed()方法，可以只返回字符串的第一个字节，因为我们知道这个参数只有一个字节响应。对于计速器，我们需要将两个字节结合，因此需要将第一个字节左移8位变成一个16位的整数，并将从最低有效位开始的8位用0填充，然后与第二个字节进行逻辑或操作。这样我们就得到一个用16位数字表示的转速计读数。

在短短的几行代码中，我们实现了一个通过BeagleBone Black连接到车载计算机的简单接口。由于BeagleBone Black的高度便携性，我们可以轻松地将其安装在车上。让我们来看看一个基本的例子。在第10章中，我们开发了一个环境监控器，它可以收集温度和光照水平两种环境参数。它会自动启动并将数据保存到文件中。在这里我们可以很容易地做到同样的事情。清单13.6给出了第10章中对应程序的演变版本。

清单13.6　car_monitor.py

```
1.    #!/usr/bin/env python
2.
3.    import Adafruit_BBIO.UART as UART
4.    import obd
5.    import time
```

```
6.  from datetime import datetime
7.
8.  SAMPLE_RATE = 2  # Hertz
9.  TIMESTAMP_FORMAT = '%Y-%m-%d_%H-%M-%S'
10.
11. if __name__ == '__main__':
12.
13.     UART.setup("UART2")
14.     obd_con = obd.OBDUart(port='/dev/ttyO2', baudrate=9600)
15.     car = obd.Car(obd_con)
16.
17.     start_time = datetime.now().strftime(TIMESTAMP_FORMAT)
18.     output_file = 'data_{}.jpeg'.format(start_time)
19.
20.     try:
21.         with open(output_file, 'w') as f:
22.             while True:
23.                 f.write('{}, {}'.format(car.speed(), car.tachometer()))
24.                 time.sleep(1/SAMPLE_RATE)
25.
26.     except KeyboardInterrupt:
27.         obd_con.close
```

注意

重要提示

开车的时候决不能不停地摆弄这些项目。读者可以选择让别人来开车，或者将设备连接在相应位置，在驾驶的时候不要碰也不用担心它们。

我们可以将这份代码添加到第 10 章的程序中，让程序在启动时运行。这样我们就有了一个可以轻松放置到汽车中的数据记录器。因为这不再是原型系统，我们需要一个类似于图 13.5 中所示的配置。在那里，一个面包板被放置在 SparkFun ProtoCape 上，这提供了更加轻便的配置。这一切都干净利索地放置在 2013 年生产的道奇 Grand Caravan 车上。

在本章中，我们创建了一个易于连接到车载计算机的接口。这可用于一个简单的项目，就像我们在本章中建立的数据记录器，或者是一些更复杂的项目，类似于霹雳游侠（Knight Rider）中的霹雳车（KITT）。下一章我们将学习如何从周围的环境获取无线电信息。

图13.5　更加紧凑的原型系统

14

第14章　地面控制系统

第13章讨论了计算机的无处不在和自20世纪中叶以来的快速增长。然而，在19世纪中叶以后也出现了其他的科学技术并且得到了快速发展，比如现在我们身边总漂浮着像波浪一样的不同频率的无线电能量。在本章中，我们会把目前学过的许多无线电传输知识结合在一起，通过BeagleBone Black来捕捉无线电信号。

14.1　无线电数据

"打开无线电"是指把特定的设备调到某种频率上来收听音频电台。即使在今天，通过网络传输的音频流有时也被称为网络电台。在现实中，我们熟悉的AM和FM波段其实只占了我们讨论的无线电频谱中的一小部分。可以通过无线电传输的远不止声音，其他很多数据也可以通过无线电传输，比如视频、电视节目、卫星数据等。图14.1给出了无线电频谱的分配，其中AM和FM频带被高亮显示。

那么，什么是无线电波？它们是通过电磁波传送的能量。电和磁总是相互联系的，当导线中的电流发生变化时就会产生电磁波。电磁波遇到其他导体时，就会感应出电流并且电流会以相同的速率移动。本书并不是一本关于电和磁的物理学书籍，当读者深入了解这些知识时，就会发现它们非常复杂。在本章中，我们只是简单地运用这些基础知识。

你可以将术语频谱想象成一道彩虹。光也是电磁能量的一种形式，当看到一个彩虹，就可以看到全部不同频率的光强。形象展示无线电频谱的最佳方法与此类似，即在一个曲线图中，用横轴表示频率，用纵轴表示当前频率对应的能量强度。图14.2给出了一个例子。它是Baltimore/Washington D.C地区的FM无线电频谱。

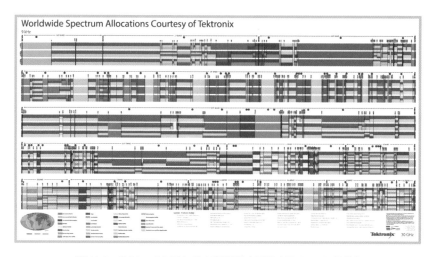

图14.1   9kHz～30GHz的电磁频谱（图像由Tektonix提供）

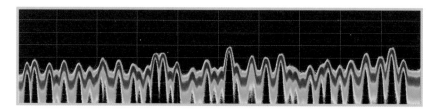

图14.2   Baltimore/Washington D.C.地区的完整FM无线电频谱

图14.3给出了图14.1中高亮显示的频谱。正如所看到的那样，无线电频谱只是频谱中很小的一部分。注意图14.1上的每一行显示的是频谱在不同数量级上的分布。与最后一行的3 GHz到30 GHz比较，其他行只占了整个频谱非常小的一部分。

图14.2中的每个波峰代表着不同的无线电台，峰的中心是调节频率。假设我们要收听电台的标识为90.1，那么这意味着传输频率的中心为90.1×10^6 Hz，或90.1MHz。这个频率中心是由一个非常高的功率发射机在该频率震荡电流而产生的。信息，包括广播电台的声音，通过调节该频率来传输。每个电台传输的所有信息都包含在带宽为200kHz的范围内，因此不会与其他电台产生冲突。

我们已经熟悉了两种调制方法：调幅（Amplitude Modulation，AM）和调频（Frequency Modulation，FM）。调制这个词是指载波信号的某些特性根据输入信号而改变。在调幅中，载波的幅度根据输入信号的变化而变化。在调频中，频率根据输入信号的频率进行偏移。因此在调幅中，信号会上升和回落得特别快，因为它随着信号的变化而波动。对于调频，频率将围绕载波迅速移动。图14.4～图14.6给出了调幅下的信号。图14.4显示了输入信号（钢琴的中央C调）和在0 Hz到大约22kHz的音频范围内产生的频谱。如果仔细留意下，你可以看出钢琴是需要调整的。

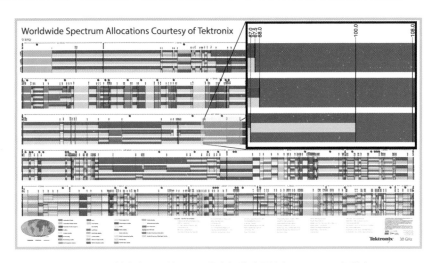

图14.3　被高亮显示的FM无线电频谱（图片由Tektronix提供）

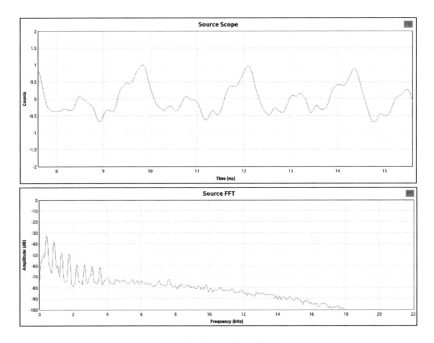

图14.4　钢琴的中央C调

图14.5显示了一个载波信号。它是一个简单的正弦波，载频在500kHz左右。

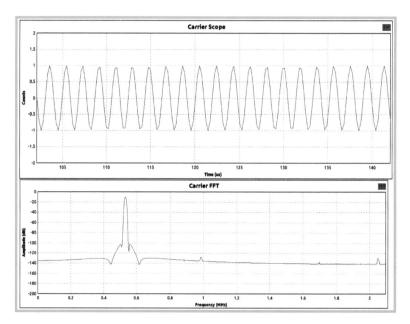

图14.5   一个500kHz的载波信号

最后，图14.6显示了调幅信号，其通过改变载波的振幅来编码原始的输入信号。

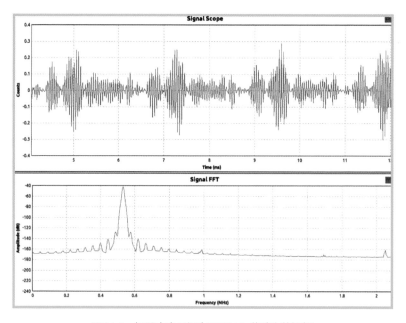

图14.6   钢琴中央C调在500kHz载波上的调幅

除了声音以外我们还可以对很多信号进行编码，比如数据。数据还可以通过改变信号的相位来调制，这种调制被称为相位调制或相移键控（Phase Shift Keying，PSK）。我们在这里不再详细介绍它的技术细节。PSK往往在数据流中使用。你可能最熟悉的两个数据流是Wi-Fi和蓝牙。当前数据流在我们的世界中是普遍存在的，它们就在我们的身边。在2 GHz和5 GHz频段，这些信号可以快速地传输大量的数据。图14.7显示了2.4 GHz频段的信道号为8的Wi-Fi信道。请注意无线电台使用200 kHz的带宽，而Wi-Fi使用22 MHz的带宽。我们下一步将为BeagleBone Black添加Wi-Fi连接。

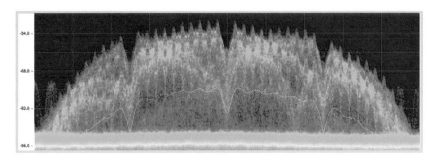

图14.7　Wi-Fi的频谱

14.2　Wi-Fi

BeagleBone Black没有内置Wi-Fi模块，我们需要自行添加。添加Wi-Fi模块最简单的方法就是使用USB接口的Wi-Fi适配器。BeagleBone Black对USB接口的Wi-Fi适配器的选择有些挑剔，所以网站elinux.org是很好的检查BeagleBone Black兼容设备的地方（http://www.elinux.org/Beagleboard:BeagleBoneBlack#WIFI_Adapters）。这里我们将使用TP-LINK的TL-WN721N。在设置它之前，我们通过lsusb命令来看看没连接任何对象的USB是什么样子：

```
root@beaglebone:~# lsusb
Bus 001 Device 001: ID 1d6b:0002 Linux Foundation 2.0 root hub
Bus 002 Device 001: ID 1d6b:0002 Linux Foundation 2.0 root hub
```

这些只是BeagleBone Black上可用的基础设备。现在可以插入Wi-Fi适配器并再次运行lsusb命令：

```
root@beaglebone:~# lsusb
Bus 001 Device 002: ID 0cf3:9271 Atheros Communications, Inc.
```

```
AR9271 802.11n
Bus 001 Device 001: ID 1d6b:0002 Linux Foundation 2.0 root hub
Bus 002 Device 001: ID 1d6b:0002 Linux Foundation 2.0 root hub
```

现在可以看到USB系统已经识别我们的801.11n设备。下一步应该检查它是否可以作为Wi-Fi网络设备使用。我们可通过ifconfig命令和–a选项来查看所有的接口，如下所示。

```
root@beaglebone:~# ifconfig -a
eth0  Link encap:Ethernet HWaddr 7c:66:9d:58:bd:41
      inet addr:192.168.1.153 Bcast:192.168.1.255 Mask:255.255.255.0
      inet6 addr: fe80::7e66:9dff:fe58:bd41/64 Scope:Link
      UP BROADCAST RUNNING MULTICAST MTU:1500 Metric:1
      RX packets:3359 errors:0 dropped:2 overruns:0 frame:0
      TX packets:314 errors:0 dropped:0 overruns:0 carrier:0
      collisions:0 txqueuelen:1000
      RX bytes:582966 (569.3 KiB) TX bytes:44640 (43.5 KiB)
      Interrupt:40

lo    Link encap:Local Loopback
      inet addr:127.0.0.1 Mask:255.0.0.0
      inet6 addr: ::1/128 Scope:Host
      UP LOOPBACK RUNNING MTU:65536 Metric:1
      RX packets:0 errors:0 dropped:0 overruns:0 frame:0
      TX packets:0 errors:0 dropped:0 overruns:0 carrier:0
      collisions:0 txqueuelen:0
      RX bytes:0 (0.0 B) TX bytes:0 (0.0 B)

usb0  Link encap:Ethernet HWaddr 92:4a:d1:2f:2e:75
      inet addr:192.168.7.2 Bcast:192.168.7.3 Mask:255.255.255.252
      UP BROADCAST MULTICAST MTU:1500 Metric:1
      RX packets:0 errors:0 dropped:0 overruns:0 frame:0
      TX packets:0 errors:0 dropped:0 overruns:0 carrier:0
      collisions:0 txqueuelen:1000
      RX bytes:0 (0.0 B) TX bytes:0 (0.0 B)

wlan0 Link encap:Ethernet HWaddr c4:6e:1f:1d:7e:a2
      BROADCAST MULTICAST MTU:1500 Metric:1
      RX packets:0 errors:0 dropped:0 overruns:0 frame:0
      TX packets:0 errors:0 dropped:0 overruns:0 carrier:0
```

```
collisions:0 txqueuelen:1000
RX bytes:0 (0.0 B) TX bytes:0 (0.0 B)
```

Wi-Fi适配器被命名为"wlan0"，并且硬件地址也已经被识别。这是一个好消息！现在需要告诉它如何建立一个Wi-Fi连接。编辑文件"/etc/network/interfaces"。在这个文件中，我们会在Wi-Fi例子中发现一些代码行——特别是标记WPA-SSID和WPA-PSK的代码行。这里的WPA-SSID是无线网络的名字，WPA-PSK是Wi-Fi密码。加入测试信息后，这部分的代码如下所示。

```
# WiFi Example
auto wlan0
iface wlan0 inet dhcp
    wpa-ssid"MilkyWay"
    wpa-psk"*************"
```

注意，这里的密码实际上并不是一连串的星号，这些星号只是用来保护连接到的网络的安全性，实际的密码为纯文本。如果一切配置正确，那么当重启BeagleBone Black之后，我们将会看到wlan0部分现在增加了一个IP地址（inet_addr）。

```
wlan0 Link encap:Ethernet HWaddr c4:6e:1f:1d:7e:a2
    inet addr:192.168.1.165 Bcast:192.168.1.255 Mask:255 .255.255.0
    inet6 addr: fe80::c66e:1fff:fe1d:7ea2/64 Scope:Link
    UP BROADCAST RUNNING MULTICAST MTU:1500 Metric:1
    RX packets:1748 errors:0 dropped:0 overruns:0 frame:0
    TX packets:537 errors:0 dropped:0 overruns:0 carrier:0
    collisions:0 txqueuelen:1000
    RX bytes:280547 (273.9 KiB) TX bytes:70158 (68.5 KiB)
```

现在我们已经成功地连接到Wi-Fi！我们可以断开连接到BeagleBone Black的以太网线或USB网线。现在我们只需要电源和适配器，便可以在Wi-Fi覆盖范围内的任何地方拥有一个联网的计算机。

14.3　软件定义无线电

除了Wi-Fi，我们还可以利用所谓的软件定义无线电（Software-Defined Radio，SDR）来探索其他无线电选项。SDR背后的想法很简单：不用专门的硬件来处理接收的无线电模拟信号，而是将信号采样（就像在前面的章节中在BeagleBone Black上使用的模拟到数字输入），然后以数据块的形式处理。这意味着解调（从载波信号中提取输入信号）的方式可以快速变化且不用改变硬件，其他很多处理便可以很容易完成。一个自然而然的想法是使用 SDR 的花费很高。然而，这里有一个非常便宜的方式来通过软件无线电来接收信号。

市场上可以买到一种小型的 USB 系列设备，它被设计用于接收数字电视信号。这些相对便宜的设备的价格在 20 美元左右，而且可以很容易买到。这些设备使用的芯片非常稳定，可以通过 USB 接口来实现芯片的低级访问。这个芯片以前是电视调谐器，而现在是非常有用的 SDR。这些并不需要花费太长时间来理解。这款芯片组的型号是 RTL2832，所以这种 SDR 被称为 RTL-SDR。我个人喜欢的一款可以从 Adafruit 买到（产品编号是 1497），如图 14.8 所示。让我们将其连接到 BeagleBone Black，然后从一个无线电台接收数据。

图14.8　RTL-SDR设备

首先需要确保BeagleBone Black有足够的供电。因为它会同时连接Wi-Fi和这个无线电设备，这样就需要使用有自己电源供电的USB集线器。我们可以将它插到墙上的插座上，然后连接到BeagleBone Black。最后再将Wi-Fi适配器和RTL-SDR插入USB集线器，如图14.9所示。

图14.9　BeagleBone Black通过USB集线器同时连接Wi-Fi适配器和RTL-SDR

当Wi-Fi适配器连接到BeagleBone Black之后，便可以运行lsusb命令来列出设备，如下所示。

```
root@new-host-5:~# lsusb
Bus 001 Device 002: ID 05e3:0607 Genesys Logic, Inc. Logitech G110 Hub
Bus 001 Device 001: ID 1d6b:0002 Linux Foundation 2.0 root hub
```

```
Bus 002 Device 001: ID 1d6b:0002 Linux Foundation 2.0 root hub
Bus 001 Device 003: ID 05e3:0607 Genesys Logic, Inc. Logitech G110 Hub
Bus 001 Device 004: ID 0bda:2832 Realtek Semiconductor Corp. RTL2832U
DVB-T Bus
Bus 001 Device 005: ID 0cf3:9271 Atheros Communications, Inc. AR9271
802.11n
```

从这个命令的输出结果，读者会看到RTL2832U和未添加它之前的设备列表。这是一个好现象，意味着BeagleBone Black与RTL2832U的交流将不会存在问题。

14.4　用git获取库

接下来，需要再次浏览开源库并安装软件来使用无线电。我们实际上将通过git把资源库复制到BeagleBone Black中。git即大家熟知的版本控制系统（Revision Control System，RCS）。在一个RCS中，用户可以根据开发情况来输入或输出文件。它使得一组开发人员可以同时在多个版本上工作，可用于复杂的大型项目和小型的个人项目。网站GitHub（http://github.com）是git管理项目中有名的资源库。但这里我们需要的资源被托管在osmocom.org服务器上。git软件已经预装在BeagleBone Black的操作系统中。但如果读者运行git命令时提示该命令未被找到，那么可用apt系统来安装它，如下所示。

```
root@new-host-5:~# apt-get update && apt-get upgrade
root@new-host-5:~# apt-get install git
```

我们需要一个库来处理通过USB连接的RTL-SDR硬件。这里我们要确保已经安装了libusb-1.0库。

```
root@new-host-5:~# apt-get install libusb-1.0
```

安装完git和USB库之后，我们就可以复制资源库，并将其保存到一个新创建的目录中，如下所示。

```
root@new-host-5:~# git clone git://git.osmocom.org/rtl-sdr.git
Cloning into'rtl-sdr'...
remote: Counting objects: 1587, done.
remote: Compressing objects: 100% (681/681), done.
remote: Total 1587 (delta 1160), reused 1213 (delta 898)
Receiving objects: 100% (1587/1587), 341.27 KiB | 231 KiB/s, done.
Resolving deltas: 100% (1160/1160), done.
root@new-host-5:~# cd rtl-sdr
```

```
root@new-host-5:~/rtl-sdr# mkdir build
root@new-host-5:~/rtl-sdr# cd build
```

接下来我们需要运行几个工具来帮助配置源文件和编译软件。选项 -DINSTALL_
UDEV_RULES使得非root用户（比如在Debian中）也可以使用这些工具。我们
将通过一个叫cmake的工具来进行配置操作。

```
root@new-host-5:~/rtl-sdr/build# cmake ../ -DINSTALL_UDEV_RULES=ON
-- Build type not specified: defaulting to release.
-- Extracting version information from git describe...
-- checking for module'libusb-1.0'
-- found libusb-1.0, version 1.0.11
-- Found libusb-1.0: /usr/include/libusb-1.0, /usr/lib/arm-linux- gnueabihf/
libusb-1.0.so
-- Udev rules not being installed, install them with -DINSTALL_
UDEV_RULES=ON
-- Building with kernel driver detaching disabled, use -DDETACH_
KERNEL_DRIVER=ON to enable
-- Building for version: v0.5.3-6-gd447 / 0.5git
-- Using install prefix: /usr/local
-- Configuring done
-- Generating done
-- Build files have been written to: /root/rtl-sdr/build./conf

igure --enable-driver-detach
```

cmake命令检查编译所需的依赖项并配置编译过程。接下来，编译并安装软件。
make命令只需要几分钟便可以完成整个编译（注意这些命令的实际输出结果并
没有在这里列出来，读者应自行检查是否有错误消息）。

```
root@new-host-5:~/rtl-sdr/build# make
root@new-host-5:~/rtl-sdr/build# make install
root@new-host-5:~/rtl-sdr/build# ldconfig
```

14.5　测试无线电台

如果一切进展顺利，那么现在应该已经拥有了一套软件和相关的库来操作无线
电。可使用rtl_test命令来测试它。在这种情况下，-t参数告诉测试程序去检查
设备的调谐硬件。我们在这里应该注意的是无线电设备对温度变化很敏感。经
验告诉我们，我们可设置好设备并接通电源。等预热20分钟后，设备就会达到

稳定的工作温度。我们的测量对温度越敏感，预热就越重要。

```
root@new-host-5:~# rtl_test -t
Found 1 device(s):
 0: Realtek, RTL2838UHIDIR, SN: 00000001

Using device 0: Generic RTL2832U OEM
Found Rafael Micro R820T tuner
Supported gain values (29): 0.0 0.9 1.4 2.7 3.7 7.7 8.7
12.5 14.4 15.7 16.6 19.7 20.7 22.9 25.4 28.0 29.7 32.8
33.8 36.4 37.2 38.6 40.2 42.1 43.4 43.9 44.5 48.0 49.6
Sampling at 2048000 S/s.
No E4000 tuner found, aborting.
```

从输出结果中，我们可以看到使用的设备是一个 Rafael Micro R820T 调谐器，它可支持的设备增益为 29 个值（这些值如列表所示）。增益是指输入信号被放大。然而，此时信号和所有噪声都被一起放大了，所以较高的增益并不总是意味着它可以提供更好的信号数据。

在第9章中我们曾经提到在将来会再次提到采样率，现在就是最好的时机。对于大多数 RTL-SDR 设备来说，良好的采样率为 2.048 MHz，这也是前面的例子 rtl_test 中使用的采样率。根据这些设备调谐的方式，我们可知这实际代表了带宽。图 14.10 给出了 5 个 FM 电台的频谱，其中有一个电台被高亮显示。不同类型的信号具有不同的带宽需求。典型的 FM 商业电台广播使用的是 200 kHz 的带宽，或所谓的宽带 FM（WideBand FM，WBFM）。另外两个低能量的电台在高亮显示电台的两侧，并且可以在最左边的电台上看到音频载波。

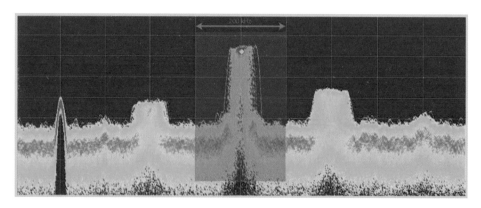

图 14.10   举例说明 FM 广播电台的带宽

采样率为2.048 MHz意味着采样集中在以调谐频率为中心的2.048 MHz频率上。例如，如果无线电站的调谐为99.1 MHz，采样率为2.048 MHz，那么我们的采样中心为99.1 MHz，每侧为1.024 MHz。

下面将通过构建一个简单的FM无线电设备来测试系统。一般来说，RTL-SDR设备带有天线，这个天线能很好地接收FM无线电。编译RTL-SDR软件时创建了一个应用程序rtl_FM，它负责调谐到电台。这个命令调谐到电台后将使用指定的带宽采样，然后将原始信号从调制信号中解调出来，并提供一个音频输出。

如果BeagleBone Black通过HDMI被连接到一个支持音频输出的显示器上，那么这时候我们就可以使用音频输出。另一种选择是使用USB接口的声音设备。这里我们有许多设备可用，并可以根据所需的音频质量进行选择，而且并不需要花很多钱。我们在这里使用Adafruit的USB音频适配器（产品编号为1475）。我们首先需要关闭HDMI输出。如果以后想通过禁用HDMI来使得BeagleBone Black的HDMI引脚可用于其他用途，那么也可以通过这里介绍的步骤来实现。我们可使用aplay命令来查看系统中存在哪些音频设备。

```
root@new-host-5:~# aplay -l
**** List of PLAYBACK Hardware Devices ****
card 0: Black [TI BeagleBone Black], device 0: HDMI nxp-hdmi-hifi-0 []
  Subdevices: 1/1
  Subdevice #0: subdevice #0
```

要禁用这个设备，我们需要修改系统引导配置中的一个文件，"/boot/uboot/uEnv.txt"。在文件中加入以下行或者将其前面的注释符去掉：

```
cape_disable=capemgr.disable_partno=BB-BONELT-HDMI,BB-BONELT-HDMIN
```

我们还需要重新配置声音来将USB音频识别为音频设备。为此我们需要修改另一个配置文件"/etc/modprobe.d/alsa-base.conf"。在这个文件中，我们可以看到下面这一行代码：

```
options snd-usb-audio index=-2
```

我们需要将这一样代码修改为：

```
options snd-usb-audio index=0
```

此时我们可以连接USB音频输出，然后重新启动BeagleBone Black。现在，如果执行aplay命令就可以看到USB音频设备，如下所示。

```
root@beaglebone:~# aplay -l
**** List of PLAYBACK Hardware Devices ****
card 0: Device [USB PnP Sound Device], device 0: USB Audio [USB Audio]
  Subdevices: 1/1
  Subdevice #0: subdevice #0
```

现在我们已经准备好把收音机调到一个电台。如之前提到的那样，需要通过rtl_fm工具来帮助我们。在这个例子中，我们将其调到99.1 MHz，在我目前所处的区域内，这恰好是信号最强的。在执行这个例子时，你也可以根据自己所在地区内的信号来进行调整。

```
root@beaglebone:~# rtl_fm -f 99.1e6 -M wbfm -r 48000 - ! \
aplay -r 48k -f S16_LE
Found 1 device(s):
 0: Realtek, RTL2838UHIDIR, SN: 00000001

Using device 0: Generic RTL2832U OEM
Found Rafael Micro R820T tuner
Tuner gain set to automatic.
Tuned to 99416000 Hz.
Oversampling input by: 6x.
Oversampling output by: 1x.
Buffer size: 6.83ms
Sampling at 1200000 S/s.
Output at 200000 Hz.
Playing raw data'stdin': Signed 16 bit Little Endian,
Rate 48000 Hz, Mono
underrun!!! (at least 2067591660.491 ms long)
underrun!!! (at least 2067591660.487 ms long)
```

让我们剖析一下这个命令中的参数，以便更好地了解它的工作方式。首先，-f参数设定目标频率（这里的99.1e6采用的是工程中的书写方法，即99100000 Hz，或99.1MHz）；-m参数设置使用的解调方法。这里我们用宽带FM或wbfm作为参数，最后，-r表示输出声音的频率应为48kHz。我们将这些参数传递给aplay命令，设置输入来匹配rtl_fm命令的输出速度（48kHz），并设置rtl_fm命令输出的数据格式。

14.6 校准电台

通过以上的设置，我们已经可以得到一个高质量的信号，但这里我们还可以通过纠正一个错误来略微地提高信号质量。从价格上看，我们使用的这些设备非常便宜，其质量无法和成本昂贵的设备相比。在大多数情况下，这里采用的设备的质量并不是大问题，除了一个例外，即设备振荡器的频率。这个参数在不同的设备之间可能有着巨大的差异，但它可被校准。这里的错误用百万分率来衡量，俗称 ppm（parts per million）。Kalibrate 这个伟大的工具已经被开发出来，它会在周围环境下手机的 GSM 信号里找到标记，并利用隐含在那些频道里的频率校正信号来检查设备上的错误。首先，我们需要添加一个库来安装这个软件：

```
root@beaglebone:~# apt-get install libfftw3-bin
```

接下来，需要将程序的源代码从 git 仓库复制到 BeagleBoneBlack 中。

```
root@beaglebone:~# git clone git://github.com/steve-m/kalibrate-rtl.git
Cloning into'kalibrate-rtl'...
remote: Counting objects: 85, done.
remote: Total 85 (delta 0), reused 0 (delta 0), pack-reused 85
Receiving objects: 100% (85/85), 31.60 KiB, done.
Resolving deltas: 100% (55/55), done.

root@beaglebone:~# cd kalibrate-rtl
```

然后编译程序。这与我们过去介绍的编译过程稍微有些不同。

```
root@beaglebone:~/kalibrate-rtl# ./bootstrap && CXXFLAGS='-W -Wall -03'

root@beaglebone:~/kalibrate-rtl# ./configure

root@beaglebone:~/kalibrate-rtl# make

root@beaglebone:~/kalibrate-rtl# make install
```

现在可以运行 Kalibrate 程序。首先需要寻找所在地区内的有效 GSM 信号，在美国，它位于 GSM850 频段。

```
root@beaglebone:~# kal -s GSM850
Found 1 device(s):
 0: Generic RTL2832U OEM

Using device 0: Generic RTL2832U OEM
Found Rafael Micro R820T tuner
Exact sample rate is: 270833.002142 Hz
kal: Scanning for GSM-850 base stations.
GSM-850:
   chan: 180 (879.6MHz - 11.001kHz)  power: 39391.57
   chan: 227 (889.0MHz + 36.021kHz)  power: 53096.40
```

在这个演示中我们只发现两个信道：信道180和227。设备可以被移动到位置更好的地方，这样可能会发现更多的信道。我们还可以利用 -g 选项找到更多的信道，并通过执行 rtl_test–t 来提高增益。我们将继续来校准这些信道。下面的结果演示了信道180的输出。

```
root@beaglebone:~# kal -c 180
Found 1 device(s):
 0: Generic RTL2832U OEM
Using device 0: Generic RTL2832U OEM
Found Rafael Micro R820T tuner
Exact sample rate is: 270833.002142 Hz
kal: Calculating clock frequency offset.
Using GSM-850 channel 180 (879.6MHz)
average     [min, max]   (range, stddev)
- 10.815kHz     [-10880, -10773]    (106, 27.839817)
overruns: 0
not found: 5
average absolute error: 12.296 ppm
```

这里给出的ppm错误是12.296。如果在不同的信道多次运行这个命令，我们就会得到一个平均误差。这时错误在12ppm上下，因此将使用这个误差来校准频率。请记住，这个程序告诉我们错误是多少。为了校准它，在本例中我们需要使用–12，而不是12，否则最终的错误将加倍。通过修改如下调用来将其包含到FM收音机应用程序中：

```
root@beaglebone:~# rtl_fm -f 99.1e6 -M wbfm -r 48000 \
-p -12 - ¦ aplay -r 48k -f S16_LE
```

14.7 监听民航数据

到目前为止，我们已经通过SDR收听FM广播和监听GSM信号来校准我们的设备。还有哪些更好玩的应用呢？我们可开发一个系统来监控所处的区域内哪些飞机是使用ADS-B通信的。

ADS-B使用的频率是1.090GHz。它是空中交通管制使用的通信协议，用来确定飞机处于天空中的位置。它是一个简单的协议，图14.11给出了ADS-B所用频段的活动。这些活动在我们的RTL- SDR设备的监听范围内，所以我们可以尝试监听它们。我们首先需要安装另外一个工具：dump1090。就像之前安装的那几个程序一样，我们首先需要通过 git 复制其源代码，如下所示。

```
root@beaglebone:~# git clone git://github.com/antirez/dump1090.git
Cloning into'dump1090'...
remote: Counting objects: 261, done.
remote: Total 261 (delta 0), reused 0 (delta 0), pack-reused 261
Receiving objects: 100% (261/261), 598.38 KiB, done.
Resolving deltas: 100% (139/139), done.
root@beaglebone:~# cd dump1090
```

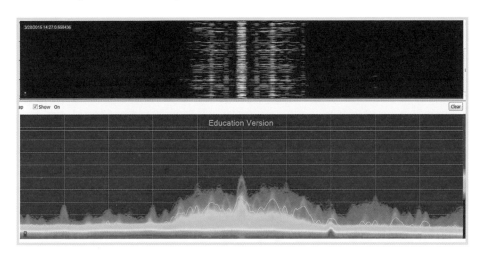

图14.11　ADS-B 所用频段的活动

对于 dump1090，我们只需要运行 make 来生成 dump1090 的可执行文件。我们可以在目录中运行可执行文件或将其复制到系统路径中让其在所有地方都可用。

```
root@beaglebone:~/dump1090# make
cc -O2 -g -Wall -W -I/usr/local/include/ \
-I/usr/include/libusb-1.0 -c dump1090.c
cc -O2 -g -Wall -W -I/usr/local/include/ \
-I/usr/include/libusb-1.0 -c anet.c
cc -g -o dump1090 dump1090.o anet.o \
-L/usr/local/lib -lrtlsdr -lusb-1.0 -lpthread -lm
root@beaglebone:~/dump1090# cp dump1090 /usr/local/bin/
root@beaglebone:~# cd ~
```

可能会有些不可思议，但现在我们确实已经可以获知我们所在区域内的飞机信息了。不做任何进一步的工作，让我们看看是否能够得到一些数据。

```
root@beaglebone:~# dump1090--interactive
```

十六进制	航班	高度	速度	维度	经度	跟踪	信息	见于
ad1697		11350	0	0.000	0.000	0	193	0 sec

不用做任何举动，我们现在可以看到一个飞机从 11 350 英尺的头顶飞过。如果将设备移动到另外一个位置，会不会获得更多的信号？将设备移动到更好的位置后，我们获得了更好的结果，如下所示。

十六进制	航班	高度	速度	维度	经度	跟踪	信息	见于
aae960		37975	0	0.000	0.000	0	14	1 sec
a0a9f0		36000	0	0.000	0.000	0	4	1 sec
ada163		12750	0	0.000	0.000	0	27	1 sec
ab99df		28000	0	0.000	0.000	0	22	1 sec
a3c5ef		9875	0	0.000	0.000	0	95	0 sec
a53ba4		6925	210	39.197	-76.82	283	112	1 sec
aa435b		34025	0	0.000	0.000	0	49	1 sec
a8996b		34000	0	0.000	0.000	0	86	0 sec

此时我是将整个系统（BeagleBone Black、USB 集线器、设备以及天线）移动到楼上卧室的窗户附近。我们立刻可以看到区域内有 8 架飞机。因为现在 BeagleBone Black 已经通过 Wi-Fi 连接到网络，所以我们甚至可以将整个系统藏起来，然后通过远程连接来显示得到的结果。

14.8   BeagleBone Black 空管站

有很多应用程序可以跟踪飞机，它们通过读取 ADS-B 数据，然后将其显示到地图上。这些程序可以在多个操作系统下工作。读者可以将 dump1090 设置为这样一种模式：将接收到的数据自动更新到网络中，然后通过其他程序来显示这些接收到的数据。一个伟大的免费应用程序是 adsbSCOPE。如果调用 dump1090 的时候设置了 -net 选项，那么接收的数据可以通过端口 3002 访问。读者也可以使用 –aggressive 参数，这样可以捕获到更多的信号。虽然 Aggressive 模式会使用更多的 CPU 资源，但 BeagleBone Black 有能力满足这个需求。

```
root@beaglebone:~# dump1090--interactive--net--aggressive
```

随着dump1090程序在BeagleBone Black上愉快地运行，你这时可以启动
Windows PC上的ADS-B软件。我们可从adsbSCOPE网站上找到一些教程来帮助
我们配置软件。一个重要的配置是将飞机的当前位置显示在屏幕的中心。可以
在配置菜单中尝试不同的配置。接下来我们需要通过网络来访问接收到的飞机
信息。在adsbSCOPE中选择其他->网络->网络设置，我们就可以配置软件来搜
寻BeagleBone Black提供数据的3002端口，如图14.12所示。

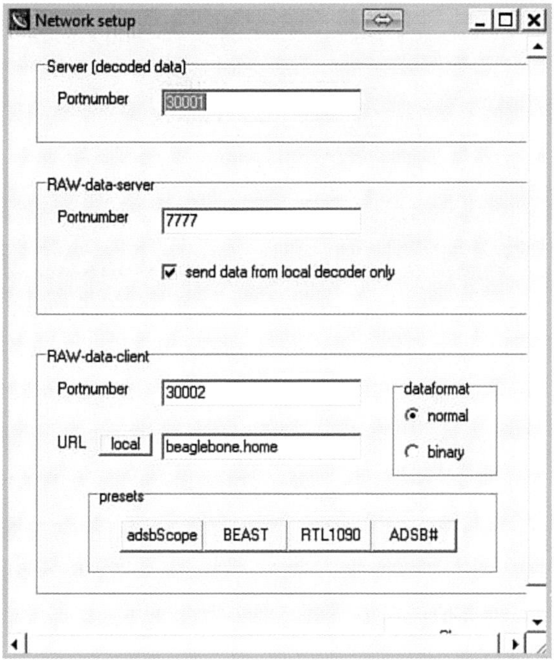

图14.12　adsbSCOPE网络设置

然后可以选择其他->网络->激活RAW数据客户端。接收的数据就会通过Wi-Fi
从BeagleBone Black传输到adsbSCOPE软件，我们就会在adsbSCOPE上看到区
域内飞机的活动。图14.13显示了几个小时内我所在区域的流量。请注意，在本
书写作时，不是所有的美国商用飞机都支持通过ADS-B发送位置信息，但支持
该协议的飞机正在逐年增加。其他国家基本上所有的商用飞机都支持ADS-B，所
以在下午和晚上的美国东海岸，我们可以获得非常有趣的海外航班信息。欧洲
或者其他国家都强制飞机支持ADS-B，所以如果你在这些国家，那么屏幕上显示
的飞机将会非常拥挤。通过基本设置和高质量的天线，我们可以很容易地监控
到85 km范围内的飞机。现在我们已经拥有了一个可用的空中交通管制站，它

还支持图形显示！

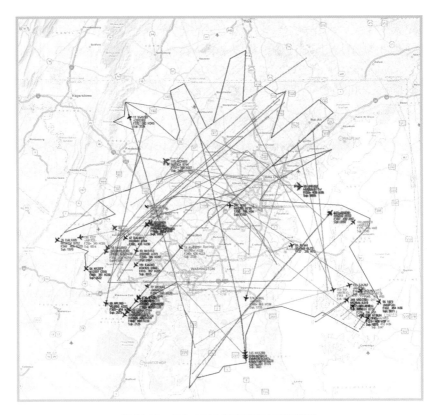

图14.13 几个小时内的本地空中交通流量

15

第15章 展望未来

读者将从这里走向何处？在本书中，我们介绍了足够的知识来开发一些很酷的基础项目，同样也为你以后开发更大、更好的项目打下了基础。

第1章，"嵌入式计算机与电子产品"，假设你只具备与计算机和电子产品相关的基础知识。这一章介绍了小型计算机的一些基本概念，并将其与你可能比较熟悉的台式或笔记本计算机相比较。从第1章你应该已经知道，大量的计算机性能可以集成到一个非常小的计算机平台上，而并不总是需要依赖大型计算机来提供这些功能。

第2章，"硬件介绍"，介绍了本书用到的开发板：BeagleBone Black。本章介绍了BeagleBone Black的家族历史和许多技术方面的知识，让我们在后续的学习过程中更加得心应手。

第3章，"入门"，介绍了如何开始使用BeagleBone Black和在其上运行"Hello, World！"程序。本章既包含了纯软件版本的"Hello, World!"（在计算机的终端上打印信息），也包含了其硬件版本，即控制LED灯闪烁。这个项目介绍了如何通过内置网站连接到BeagleBone Black和使用终端会话，也介绍了如何通过以太网络口（而不是USB口）将BeagleBone Black连接到网络。

第4章，"硬件基础知识"，更深入地介绍了硬件规格以及它们的含义。这里你也学习到了很多基础电子学知识。本章的学习可根据个人情况来选择不同的方法，比如电子学的初学者需要认真学习本章，但如果你已经获得电子工程学位的话，则完全可以跳过本章。

第5章，"进一步探索"，介绍了与计算机编程相关的基础知识。我们用了几种不同的语言来控制LED闪烁，并且深入地介绍了不同方法之间的区别。一个程序中包含了大量信息，本章介绍了如果定时对于项目非常重要，那么你应该怎样做。第5章也是本书讨论"基础知识"部分的最后一章。

第6章，"尝试其他操作系统"，讲述了与硬件一起协作和帮助我们处理大量交互的操作系统。在本章你学到了如何替换BeagleBone Black的默认操作系统。本章还介绍了一种专用的Linux版本，它使得用户可以运行具有合法权限的超级任天堂模拟器。本章介绍的如何安装操作系统是非常最基础的。因为这是第一个真正的项目，所以我们只介绍了基础知识。

第7章，"扩展硬件知识"，你开发了一个可以让信息显示在LED屏幕上的项目，并了解了串行数据通信。可以结合第6章和第7章中的学到的知识来完成下面的任务。

■ 在串行显示屏上显示用户当前正在玩的游戏。

■ 显示CPU当前的使用率。

■ 显示随机的、鼓舞人心的口号来激励玩家。

第8章，"底层硬件和插件板"，讨论了BeagleBone Black可用的扩展环境，也就是插件板系统。本章提醒你要充分阅读和理解特定插件板的数据手册。插件板系统是一个不断变化的环境，并有多种方法将插件融合到项目中。你要确保所选择的方法没有兼容性问题。第8章中介绍的SparkFun ProtoCape提供了一个可将第6、7和8章中的其他项目结合起来的机会。比如，串行显示器可以通过一个连接器与ProtoCape结合起来。本章讨论的LCD显示屏插件板可被用于开发一个便携的游戏系统。

第9章"与外部世界交互（I）：传感器"和第10章"远程监控和数据收集"介绍了感知环境的方法，并开发了一个监测站来监控室内环境。第11章"与外部世界交互(II)：反馈与驱动器"，通过驱动器在我们所处的环境中实现上述事情。

第12章"计算机视觉"、第13章"监测汽车故障"和第14章"地面控制系统"中的项目可以作为基础的"毕业设计"项目。

15.1 项目设想

在阅读本书的最后一章时，读者可能会考虑下一步应该做些什么。这里列举我的一些想法。

15.1.1　便携式游戏解决方案

正如前面所提到的那样，你可以开发一个便携式的游戏环境。虽然第7章介绍的SNES操作系统可以支持大量的Linux游戏，但你并不一定要使用这个操作系统。然而，SNES对于我这个年龄段的人来说是一种乐趣和怀念。

你也可以将BeagleBone Black、Element14 BB View LCD插件板和SparkFun ProtoCape结合起来。也可以使用之前提到的液晶显示器，这样可以避免随身携带一个单独的HDMI显示器。你还可以集成ProtoCape和在第9章中学习的传感器来开发真正的SNES控制器。所有的电子器件都可以集成到ProtoCape上，并通过其上的GPIO端口发送信息。如果担心GPIO不够用，你可以在CryptoCape上使用类Arduino环境来控制按键，并通过串行协议将这些信息传递给BeagleBone Black。我们编写的处理这些交互的软件可以被设置为开机自动启动，这与第10章中介绍的环境监测项目类似。

15.1.2　气象站

我们可以将第10章的环境监测项目进行大幅度扩展，使之成为一个完整的气象站。例如可以将以下设备组合到一起：

- BeagleBone Black；

- 温度传感器；

- 光感应器；

- 来自SparkFun电子的其他气象传感器（SEN-08942）；

- 在第14章中集成的Wi-Fi适配器。

有了这些组合，就可以创建一个非常有用的气象站。我们可以继续将获取的信息发布到SparkFun网站，就像第10章那样。也可以在BeagleBone Black上创建一个网站来显示这些信息。通过这种方式，连接到家庭网络的任何人都可以查询到天气情况。

15.1.3　车载计算机

如果读者拥有一辆没有任何现代化科技的汽车，但它有一个在第13章中介绍

过的OBD-II端口，那么就可以为它添加一个全功能的车载电脑。在BeagleBone
Black上实现人工智能可能不太现实，但我们还是可以通过以下器件的组合来实
现很多功能：

- BeagleBone Black；

- SparkFun OBD-II到UART的适配器；

- 逻辑电平转换器；

- Element14 BB View LCD插件板；

- GPS传感器；

- RTL-SDR。

这为大量的应用程序提供了一个机会。通过添加LCD插件板，我们获得了一个
触摸屏。读者接着可以创建一个图形用户界面。这样就可以与之互动并且显示
车辆的不同参数，也可以用一个虚拟仪表群来显示那些无法在普通仪表盘上显
示的信息。

通过添加GPS，就可以将汽车自身测量的车速与GPS的测量结果相比较、报告车
辆的行驶方向或者仅仅跟踪汽车的位置。如果我们想通过FM广播来转播iPod或
者其他设备，但很难找到一个空闲信道时，就可以集成RTL-SDR和天线来寻找
可用的空闲信道。

15.1.4　更加先进的飞机"雷达"

第14章中介绍的飞行器跟踪系统可通过以下设备得到扩展：

- BeagleBone Black；

- USB集线器；

- RTL-SDR；

- GPS传感器；

- 同轴共线天线。

通过添加一个显示屏和GPS，我们可以创建一个飞行器地面跟踪系统，这个

系统可以根据当前位置进行自动更新。它是便携式的，并拥有 LED 显示屏插件。如果同时使用了一个同轴共线天线（在谷歌中搜索关键字"同轴共线天线+ADS-B"，我们会得到非常有用的信息），那么系统的工作范围将会显著地扩大。在第 14 章中介绍的基本设置支持的工作范围为 85 km，但高质量的天线可以让系统的工作范围扩大到 100 km。

15.1.5　卫星地面站

RTL-SDR 可覆盖很宽的无线频谱，而这些频谱被用来传输大量的信息。截至目前，美国国家海洋和大气管理局（National Oceanic and Atmospheric Administration，NOAA）管理的 3 个卫星一直在传输它们在自己轨道上拍到的地球照片。在本书写作时，这些卫星及其发射频率如下所示：

- NOAA-15（137.5MHz）；

- NOAA-18（137.913MHz）；

- NOAA-19（137.1MHz）。

这个项目使用的设备将取决于读者想达到的目标，这与其他项目类似。可通过一个基本的天线实现有限的接收范围。我们也可通过谷歌来搜索其他不同类别的天线。这些被称为自动图像传输（Automatic Picture Transfer，APT）的 NOAA 图像采用的是极化信号，迄今为止我们已经看到的与 RTL-SDR 相关的信号都是线性偏振。偏振信号往往需要整整一本书来介绍。如果你想更好地理解它，那么从它开始来学习信号还是很有意思的。

通过以下基本的设备就可以捕获到类似图 15.1 所示的图像：

- BeagleBone Black ；

- USB 集线器；

- RTL-SDR ；

- Wi-Fi 适配器；

- 基本天线。

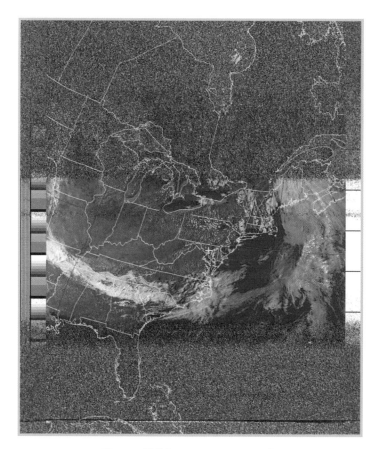

图15.1   捕获的NOAA APT卫星图像

这只是你可从太空接收到的信号中的一种。我们还可搜索来自卫星的其他一些信号：

- 国际空间站；

- FUNCUBE 1；

- 不同的CubeSat项目；

- GPS。

其他一些可以捕获到的信号：

- 空中交通驾驶舱通信（窄带FM）；